高等职业教育农学园艺类"十二五"规划教材
省级示范性高等职业院校"优质课程"建设成果

果蔬储藏与检测

主 编 康 珏

副主编 尹显锋

西南交通大学出版社

·成 都·

图书在版编目（CIP）数据

果蔬储藏与检测 / 康珏主编. — 成都：西南交通
大学出版社，2014.8（2016.10 重印）
高等职业教育农学园艺类"十二五"规划教材
ISBN 978-7-5643-3368-3

Ⅰ. ①果… Ⅱ. ①康… Ⅲ. ①果蔬保藏 – 高等职业教
育 – 教材②果蔬加工 – 食品检验 – 高等职业教育 – 教材
Ⅳ. ①TS255

中国版本图书馆 CIP 数据核字（2014）第 194480 号

高等职业教育农学园艺类"十二五"规划教材

果蔬储藏与检测

主编 康 珏

责 任 编 辑	周 杨
助 理 编 辑	赵雄亮
封 面 设 计	墨创文化
	西南交通大学出版社
出 版 发 行	四川省成都市二环路北一段 111 号
	西南交通大学创新大厦 21 楼
发行部电话	028-87600564 028-87600533
邮 政 编 码	610031
网 址	http://www.xnjdcbs.com
印 刷	成都蓉军广告印务有限责任公司
成 品 尺 寸	170 mm × 230 mm
印 张	14.25
字 数	254 千字
版 次	2014 年 8 月第 1 版
印 次	2016 年 10 月第 2 次
书 号	ISBN 978-7-5643-3368-3
定 价	32.00 元

省级示范性高等职业院校
"优质课程"建设委员会

前　言

为认真做好省级示范性高等职业院校建设工作，配合"果蔬储藏与检测"课程建设，我们特针对高职高专学生编写了涵盖果蔬储藏保鲜和果蔬检验检测技术的教材《果蔬储藏与检测》。

本书主要包括果蔬储藏保鲜基本技术、果蔬储藏、果蔬检测三个部分。

在本书编写过程中，一些来自南方和北方的高职高专院校教师参与其中，将我国南北方地区的果蔬储藏保鲜技术进行整合、归纳。本书第三部分主要涉及果蔬检测（果蔬质量安全检测），其目的是为了提高果蔬商品质量和保障消费者食用果蔬的安全性，具有很好的实际应用价值。

本教材由成都农业科技职业学院康珏担任主编。编写分工为：第一部分（果蔬储藏保鲜基本技术）中，任务一由刘丹编写，任务二、三由山东科技职业技术学院王祎男编写；第二部分（果蔬储藏）中，任务一由成都农业科技职业学院康珏编写，任务二、三由内江职业技术学院尹显锋编写，补充的果蔬储藏保鲜案例部分由四川省农业科学院农产品加工研究所高佳、四川省农业厅植检站万佳编写；第三部分（果蔬检测）中，任务一、二、三由成都农业科技职业学院康珏编写，任务四、五由山东济宁学院魏海香编写。

在本书编写过程中，各位参编老师齐心协力、尽职尽责，为本书的出版奠定了良好的基础，在此对他们表示衷心的感谢。

由于编者水平有限，书中难免存在不妥之处，敬请读者批评指正。

编　者

2013 年 9 月

目 录

第一部分　果蔬储藏保鲜基本技术

新鲜水果、蔬菜是日常所必需维生素、矿物质和膳食纤维的重要来源，是能促进食欲，具有独特的形、色、香、味的保健食品。果蔬组织柔嫩，含水量高，易腐败变质，不耐储藏，采后易失鲜，从而导致品质降低，甚至失去营养价值和商品价值，但通过储藏保鲜就能消除季节性和区域性差别，满足各地消费者对果蔬的消费需求。

果蔬储藏是根据果蔬产品采前及采后的生理特性，采取物理和化学方法，使果蔬产品在储藏中最大限度地保持良好的品质和新鲜状态，并尽可能地延长储藏时间的技术。果蔬储藏保鲜的最终目的是保持果蔬新鲜、使其具有较好的品质及风味，因此需要采用综合措施，包括提高果蔬采前耐藏性。果蔬储藏期的长短和保鲜质量的好坏，主要受四个环节的制约：一是采前因素，包括品种、施肥、灌溉、病虫害防治、修剪和疏花疏果等；二是从采收到入库储藏前的商品化处理，包括采收、包装、运输等；三是储藏期间的管理，包括温度、湿度、通风换气等；四是产品出库、销售。这四个环节环环相扣，如果有一个环节做不好，就会影响其他环节。因为果蔬产品采后仍然是一个有生命的活体，在采后的商品化处理、运输、储藏过程中继续进行着各种生理活动，不断衰老、败坏，直至生命活动停止。采取一切可能的措施，减缓这种变化速度，较长时间地保持其特有的新鲜品质，是果蔬采后储藏保鲜的主要任务。

本部分重点介绍果蔬的基本化学组成、果蔬采后的生理特性及果蔬的商品化处理方法。

任务一　果蔬的基本化学组成

水果、蔬菜是由多种化学物质构成的，在采收后的储藏过程中，这些化学物质的变化将引起水果、蔬菜品质的变化，同时，对果蔬的储藏特性与抗病性也有很大影响。根据果实化学成分的变化规律，采取相应的技术措施，控制果实的变化，可使腐烂变质造成的损失减少到最低限度。

　　果蔬的颜色、香味、风味、质地和营养等都是由不同的化学物质组成的，既然果蔬中的化学成分与水果、蔬菜的品质与储藏特性有密切的关系，那么它们的主要化学成分有哪些呢？

第一节　果蔬的基本化学组成

　　果蔬的化学成分可以分为两部分，即水分和干物质（固形物）。干物质包括有机物和无机物，有机物包括含氮化合物和无氮化合物，此外，还有一些维生素、色素、芳香物质和酶等；无机物主要是指灰分，即矿物质。

一、风味物质

（一）甜味物质

　　大多数果蔬都含有糖，糖是决定果蔬营养和风味的重要成分，是果蔬甜味的主要来源，也是果蔬重要的储藏物质之一。果蔬中的糖主要包括果糖、葡萄糖、蔗糖和某些戊糖等可溶性糖。不同的果蔬含糖的种类不同。例如，苹果、梨中主要以果糖为主；桃、樱桃、杏、番茄主要含葡萄糖，果糖次之；甜瓜、胡萝卜主要含蔗糖；西瓜含果糖。果蔬中的含糖量不仅在不同品种之间有较大差别，就是在同一品种果蔬中，随成熟度、地理条件、栽培管理技术的不同，含糖量也有很大的差异。糖是水果、蔬菜储藏期呼吸的主要基质，同时也是微生物繁殖的有利条件。随着储藏时间的延长，糖因逐渐消耗而减少；所以储藏过程中糖分的消耗对水果、蔬菜的储藏特性具有一定的影响。

　　果蔬甜味的浓淡与含糖总量有关，也与含糖种类有关。在评价果蔬风味时，常用糖酸比（糖/酸）来表示。水果、蔬菜汁液中的可溶性固形物中，糖的比例最大，所以通常用折光仪测定可溶性固形物的浓度，用来表示水果中含糖量的高低。一般情况下，含糖量高的果蔬耐储藏、耐低温；相反，则不耐储藏。

（二）酸味物质

　　果蔬中有多种有机酸，其中主要有柠檬酸、苹果酸和酒石酸，此外还有草酸、酮戊二酸等。通常果实发育完成后有机酸的含量最高，随着果实的成熟和衰老，其含量呈下降趋势。在果蔬成熟及衰老过程中，有机酸含量降低主要是由于有机酸参与果蔬呼吸，作为呼吸的基质而被消耗掉。在储藏中，果实有机酸下降的速度比糖快，而且温度越高，有机酸的消耗也越多，造成糖酸比逐渐增加，这也是有的果实储藏一段时间以后吃起来变甜的原因。果蔬中有机酸的含量以及有机酸在储藏过程中变化的快慢，通常作为判断果蔬是否成熟和储藏环境是否适宜的一个指标。

（三）涩味物质

果蔬的涩味主要来自单宁物质，它是几种多酚类化合物的总称，在果实中普遍存在，在蔬菜中含量很少。一般成熟果实中单宁含量为 0.03% ~ 0.1%，与糖和酸的比例适当时，能表现酸甜爽口的风味；当单宁含量达 0.25%时会感到明显的涩味。单宁有水溶性和不溶性两种形式。某些水果、蔬菜在储藏过程中经过后熟，苦涩味有所减少，通常称之为脱涩。例如，涩柿含有较多的单宁物质，成熟后仍有强烈的涩味，采后不能立即食用，必须经过脱涩处理才能上市。柿果的脱涩就是将体内的可溶性单宁通过与乙醛缩合，变为不溶性单宁的过程。

（四）鲜味物质

果蔬的鲜味主要来自具有鲜味的氨基酸、酰胺和肽等含氮物质。虽然果蔬中的含氮物质很少，但对果蔬的风味有很重要的影响。

（五）香味物质

果蔬的香味来源于各种不同的芳香物质，它是成分繁多而含量极微的油状挥发性混合物，有醇、酯、酸、酮、烷、烯、萜等。芳香油在水果、蔬菜中含量很少，主要存在于水果、蔬菜的皮中。由于不同的水果、蔬菜中含有的芳香物质成分不同，所以各种水果、蔬菜表现出各种特有的香味。多数芳香物质具有杀菌作用，能刺激食欲，部分香味物质还有催熟的作用。

二、色素物质

许多色素物质的共同存在和相互作用构成果蔬特有的颜色。色素不仅是鉴定果实品质的重要指标和决定采收时间的依据，也是关系到储藏质量的重要依据。果蔬的色素主要有叶绿素、类胡萝卜素和花青素。其中叶绿素与类胡萝卜素为非水溶性色素，花青素为水溶性色素。

叶绿素不溶于水，性质不稳定，在空气中和日光下易被分解而破坏。类胡萝卜素是一大类脂溶性的色素，对热、酸、碱具有稳定性，但光照和氧气能引起它的分解，使果蔬褪色。类胡萝卜素主要有胡萝卜素、番茄红素、番茄黄素、辣椒黄素、辣椒红素、叶黄素等，使果蔬表现为黄、橙黄、橙红等颜色，广泛存在于水果、蔬菜的叶、根、花、果实中。类胡萝卜素中有一些化合物可以转化成维生素 A，所以它又称作"维生素 A 原"。当果蔬进入成熟阶段时，这类色素的含量增加，使其显示出特有的色彩。花青素是一种不稳定的水溶性色素，存在于表皮的细胞液中，在果实成熟时合成。花青素同时是一种感光色素，在果蔬中多以花青苷的形式存在，在酸性溶液中呈红色，在碱性溶液中呈蓝色，在中性溶液中呈紫色。充足的光照有利于它的形成，在遮阴处生长的果实色泽与在阳光下生长的果实就有一定的差距。

三、质地物质

（一）水　分

在新鲜的水果、蔬菜中，水分占绝大部分，它是维持果蔬正常生理活性和新鲜品质的必要条件。水分是影响果蔬新鲜度、脆度和口感的重要成分。一般果品含水量为 70% ~ 90%；蔬菜含水量为 75% ~ 95%，少数蔬菜（如黄瓜、番茄、西瓜）的含水量高达 96%，甚至 98%。

果蔬采摘后，水分供应被切断，而呼吸作用仍在进行，带走了一部分水，造成了水果、蔬菜的萎蔫，从而促使酶的活力增加，使一些物质的分解加快，造成营养物质的损耗，从而减弱果蔬的耐储性和抗病性，引起品质劣变。为防止失水，储藏室内应进行地面洒水、喷雾，或用塑料薄膜覆盖，增大空气中的相对湿度，使果蔬的水分不易蒸发散失。

（二）果胶物质

果胶属多糖类化合物，是构成细胞壁的重要成分，果胶通常在水果、蔬菜中以原果胶、果胶和果胶酸三种形式存在。水果中的果胶一般是高甲氧基果胶，蔬菜中的果胶为低甲氧基果胶。未成熟的果蔬中果胶物质主要以原果胶形式存在。原果胶不溶于水，它与纤维素等把细胞与细胞壁紧紧地结合在一起，使组织坚实脆硬。随着水果、蔬菜成熟度的增加，原果胶受水果中原果胶酶的作用，逐渐转化为可溶性果胶，并与纤维素分离，引起细胞间结合力下降，硬度减小。因此，在果蔬的储藏过程中，常以不溶性果胶含量的变化作为鉴定储藏效果和能否继续储藏的标志。

（三）纤维素和半纤维素

纤维素、半纤维素是植物的骨架物质，是细胞壁的主要构成部分，起支持的作用，它们的含量与存在状态决定着细胞壁的弹性和可塑性。果品中纤维素含量为 0.2%～4.1%，半纤维索含量为 0.7%～2.7%，蔬菜中纤维素的含量为 0.3%～2.3%，半纤维素含量为 0.2%～3.1%。纤维素和表皮的角质层对果实起保护作用。果蔬中含纤维素太多时，吃起来感到粗老、多渣。一般幼嫩果蔬纤维素含量低，成熟果蔬纤维素含量高。纤维素对人体无营养价值，但它可促进肠胃蠕动，有助于消化。

四、营养物质

（一）维生素

维生素在水果、蔬菜中含量极为丰富，是人体维生素的重要来源之一，包括维生素 A、维生素 B_1、维生素 B_2、维生素 C、维生素 D、维生素 P 等，其中，维生素 A、维生素 C 是最主要的。据报道，人体所需维生素 C 的 98%、维生素 A 的 57%左右来自于果蔬。

维生素 A 在化学结构上与胡萝卜素有关，人们的视觉需要维生素 A，缺乏会引起夜盲症与眼干燥症。维生素 C 是一种水溶性维生素，又称抗坏血酸。由于其易氧化还原，因而能参与多种体内的新陈代谢。水果、蔬菜在储藏、烧煮时，维生素 C 极易破坏，在维生素酶的作用下会遭到分解，因此应当掌握好果蔬的储藏条件，使维生素 C 的损失减少到最低。另外，人体缺乏维生素 B 可导致脚气病；缺乏维生素 D 可引起佝偻病。

（二）矿物质

水果、蔬菜中含有丰富的钾、钠、铁、钙、磷和微量的铅、砷等元素，这些元素与人体有密切的关系。水果蔬菜中的矿物质容易为人体吸收，而且被消化后分解产生的物质大多呈碱性，可以中和鱼、肉、蛋和粮食在消化过程中产生的酸性物质，起到调节人体酸碱平衡的作用。因此，果蔬又叫"碱性食品"，而鱼、肉、蛋和粮食则被叫做"酸性食品"。

（三）淀　粉

淀粉是植物体储藏物质的一种形式，属多糖类。水果、蔬菜在未成熟时含有较多的淀粉，但随着果实的成熟，淀粉水解成糖，其含量逐渐减少。储藏过程中淀粉常转化为糖类，以供应采后生理活动能量的需要。随着淀粉水解速度的加快，水果、蔬菜的耐储性也减弱。温度对淀粉转化为糖的影响很大，例如，在常温下，晚熟品种苹果中淀粉会较快转化为糖，促进水果老化，味道变淡；而在低温冷藏条件下，淀粉转化为糖的活动进行得较慢，从而推迟了苹果老化，因此采用低温储藏，能抑制淀粉的水解。

第二节　各种化学成分在果蔬储运过程中的变化

采收后的果蔬在储藏运输过程中，其化学成分仍会发生一系列变化，由此引起果蔬耐储性、食用品质和营养价值等的改变。为了合理地组织运销、储藏，充分发挥果蔬的经济价值，了解果蔬化学成分在储运中的变化规律，对控制采后果蔬化学成分的变化是十分必要的。

果蔬采收后物质积累停止，干物质不再增加，已经积蓄在果蔬中的各种物质有的逐渐消耗于呼吸，有的则在酶的催化下经历种种转化、转移、分解和重组合，见表1.1。这些物质的特性是决定果蔬品质的重要因素。

表 1.1　储藏中果蔬的一些生理变化

降　解	合　成
叶绿体分解	形成类胡萝卜素和花青苷
淀粉的水解	糖类互相转化
酸的破坏	促进 TCA 循环
酚类物质引起的钝化	合成挥发物
果胶质水解	增加氨基酸的掺入
乙烯引起细胞软化	乙烯合成途径的形成
水解酶活化	加快转录和翻译速率

一、风味物质变化

构成风味的化学成分在储运过程中不断发生着变化，导致果蔬在储藏过程中风味发生变化。

（一）糖

果蔬在储藏过程中，其糖分会因生理活动的消耗而逐渐减少。储藏愈久，果蔬口味愈淡。对古风荔枝的含糖量分析表明，在含糖量达到顶点后，总糖及蔗糖含量开始渐次减少，还原糖（葡萄糖、果糖）开始有所增加，最后也减少，见表1.2。

表 1.2　古风荔枝在储藏期糖分的变化

（室温 28 ℃　储藏 6 ℃　广西农学院）

种类　合格率%　时间	刚采收的鲜果	果皮变褐	果肉软烂
蔗糖	10.06	痕迹	无
葡萄糖	0.50	3.40	11.36
果糖	5.47	8.60	11.36

有些含酸量较高的果实经储藏后口味变甜，其原因之一是含酸量降低比含糖量降低更快，引起糖酸比值增大，实际含糖量并未提高。选择适宜的储藏条件，降低糖分消耗速率，对保持采后果蔬质量具有重要意义。

（二）有机酸

在果蔬储运过程中，有机酸由于呼吸作用的消耗而逐渐减少，特别是在氧气不足的情况下，消耗得就更快。以气调法储藏果蔬时，有机酸消耗大，引起果蔬品质逐渐变化，如苹果、番茄等储藏后由酸变甜。酸的变化会影响果蔬的酶活动、色素物质变化和抗坏血酸的保存。

（三）单宁物质

单宁物质在储运过程中易发生氧化褐变，生成暗红色的根皮鞣红，影响果蔬的外观色泽，降低果蔬的商品品质。果蔬在采收、储运中受到机械伤，或在储藏后期，果蔬衰老时，都会出现不同程度的褐变。因此，在采收前后应尽量避免机械伤，控制衰老，防止褐变，保持品质，延长储藏寿命。

（四）芳香物质

多数芳香物质是成分繁多而含量极微的油状挥发性混合物，在果蔬储运过程中，随着时间的延长，果蔬所含芳香物质由于挥发和酶的分解而降低，进而香气降低。但散发的芳香物质积累过多时，具有催熟作用，甚至引起某些生理病害，如苹果的"烫伤病"与芳香物质积累过多有关。故果蔬应在低温下储藏，减少芳香物质的损失，及时通风换气，脱除果蔬储藏中释放的香气，延缓果蔬衰老。

二、色素物质变化

色素物质在储运过程中随着环境条件的改变而发生一些变化，从而影响果蔬外观品质。

蔬菜在储藏中叶绿素逐渐分解，而促进类胡萝卜素、类黄酮色素和花青素的显现，引起蔬菜外观变黄。叶绿素不耐光、不耐热，光照与高温均能促进蔬菜体内叶绿素的分解。光和氧能引起类胡萝卜素的分解，使果蔬褪色。在果蔬储运过程中，应采取避光和隔氧措施。花青素不耐光、热、氧化剂与还原剂的作用，在储藏中，光照能加快其变为褐色的速度。

三、质地物质变化

构成果蔬质地的化学成分的变化，会引起储藏中果蔬质地的变化。

（一）水　分

水分作为果蔬中含量最多的化学成分，在果蔬储运过程中的变化主要表现为游离水容易蒸发散失。由于水分的损失，新鲜果蔬中的酶活动会趋向于水解方向，从而为果蔬的呼吸作用及腐败微生物的繁殖提供了基质，从而造成果蔬耐储性降低；失水还会引起果蔬失鲜，变得疲软、萎蔫，食用品质下降。因此，在果蔬储运过程中，为了保持果蔬的鲜嫩品质，必须关注水分的变化，一方面要保持储藏环境较大的湿度，减少果蔬水分蒸发，同时还必须采取一系列控制微生物繁殖的措施。

大部分果蔬（如苹果、梨、香蕉、菠菜、萝卜等）采后进行涂蜡、涂被剂、塑料薄膜包装等措施，保持果蔬水分。在果蔬储藏过程中进行地面洒水、喷雾、挂草帘等可提高储藏环境的相对湿度，保持果蔬的含水量，维持果蔬的新鲜状态，延长储藏寿命。少部分果蔬，如柑橘、葡萄、大马铃薯等，可适当降低含水量，降低果皮细胞的膨压，减少腐烂，延长寿命。

（二）果胶物质

在果蔬储运过程中，果胶物质会逐步分解，分解的结果是使果蔬变成软疡状态，耐储性也随之下降。储藏中可溶性果胶含量的变化，是鉴定果蔬能否继续储藏的标志。所以，为保证果蔬的食用品质和适应远运与久藏的要求，采收的果蔬应避免过于成熟，并保持良好的硬度。果蔬在成熟及储运过程中，果胶物质的变化如下：

$$原果胶 \xrightarrow[成熟阶段]{原果胶酶} \left[\begin{array}{l} 果胶 \\ 纤维素 \end{array} \right. \xrightarrow[成熟阶段]{果胶酶} \left[\begin{array}{l} 果胶酸 \\ 甲醇 \end{array} \right. \xrightarrow[过熟阶段]{果胶酸酶} \left[\begin{array}{l} 还原糖 \\ 半乳糖醛酸 \end{array} \right.$$

霉菌和细菌都能分泌可分解果胶物质的酶，加速果蔬组织的解体，造成腐烂，储运中必须加以注意。

（三）纤维素和半纤维素

幼嫩植物组织的细胞壁中有含水纤维素，食用时口感细嫩；储藏过程中组织逐渐老化后，纤维素则发生木质化和角质化，使蔬菜品质下降，不易咀嚼。

四、营养物质变化

储运中的果蔬由于自身的呼吸消耗、营养物质稳定性等原因的影响，营养物质变化的总趋势是向着减少与劣变的方向发展。

（一）维生素

果蔬中的维生素成分因其自身稳定性等因素的影响，在储运中会有不同程度的损失。

维生素 A 在碱性条件下稳定，在无氧条件下，于 120 ℃ 下经 12 h 加热无损失。储运时应注意避光，减少与空气接触。维生素 B_1（硫胺素）在酸性环境中稳定，在中性和碱性环境中对热相当敏感，易被氧化或还原而受破坏。储运时应避光，减少环境中的氧。果蔬维生素C含量在储运中极不稳定。这是因为果蔬中含有促进维生素C氧化的抗坏血酸酶，促使维生素C氧化损失；储运中，温度增高、氧气充足会加强酶的活性，进而加速果蔬中维生素C保存量的降低。在果蔬储运中，要注意避光，保持低温、低氧环境，以减缓维生素C的氧化损失。

（二）淀　粉

果蔬中的淀粉含量在储藏期间会由于淀粉酶的活性加强，淀粉逐渐变为麦芽糖和葡萄糖，致使某些果蔬（香蕉、烟台梨等）的甜味增强，改善食用质量。但果蔬的耐储性也随着淀粉水解的加快而减弱，而马铃薯出现甜味，说明其食用质量下降。因此，在果蔬储运过程中，必须创设低温、高湿条件，抑制淀粉酶的活性，控制淀粉的水解。

任务二　果蔬采后的生理特性

果蔬产品从生长到成熟，再经过完熟到衰老，是一个完整的生命周期。果蔬产品采收之前靠发达的根系从土壤中吸收水分和无机成分，利用叶片的光合作用积累并储藏营养，从而使果蔬产品具有优良的品质。采收后的果蔬来自根的营养物质被切断，同化作用基本停止，但仍然是一个"活"的、有生理机能的有机体，在储运中继续进行一系列复杂的生理代谢活动。其中最主要的有呼吸生理、蒸发生理、成熟衰老生理、低温伤害生理和休眠生理，这些生理活动影响着果蔬产品的储藏性和抗病性，必须进行有效的调控。

第一节　呼吸生理

呼吸生理是果蔬储藏过程中最重要的生理活动，也是果蔬采后最主要的代谢活动，它制约和影响着其他生理过程。随着呼吸作用的进行，果蔬内部的有机物质不断消耗，果蔬的质地、风味、颜色和营养物质都不断改变。呼吸的过程是一个果蔬由成熟到衰老的、不断消耗营养物质的过程。

一、呼吸作用的定义

果蔬在储藏中，生命活动的主要表现是呼吸作用。呼吸作用的实质是在一系列专门酶的参与下，经过许多中间反应所进行的一个缓慢的生物氧化-还原过程。呼吸作用就是把细胞组织中复杂的有机物质逐步氧化分解成为简单物质，最后变成二氧化碳和水，同时释放出能量的过程。

二、呼吸作用的类型

果蔬的呼吸作用可分为有氧呼吸和缺氧呼吸两种类型。

在正常环境（氧气充足条件下）中所进行的呼吸称为有氧呼吸。有氧呼吸是指果蔬的生活细胞在 O_2 的参与下，将有机物（呼吸底物）彻底分解成 CO_2 和水，同时释放出能量的过程。以己糖为呼吸底物时，化学反应式为：

$$C_6H_{12}O_6 + 6O_2 \longrightarrow 6CO_2 + 6H_{20} + 2\,820.8\ kJ$$

果蔬在缺氧状态下进行的呼吸称为缺氧呼吸（或无氧呼吸）。无氧呼吸是果蔬的生活细胞在缺少 O_2 的条件下，有机物（呼吸底物）不能被彻底氧化，生成乙醛、酒精、乳酸等物质，释放出少量能量。以己糖为呼吸底物时，化学反应式为：

$$C_6H_{12}O_6 \longrightarrow 2CO_2 + 2C_2H_5OH + 87.9\ kJ$$

有氧呼吸和少量的缺氧呼吸是果蔬在储藏期间本身所具有的生理机能。少量的缺氧呼吸也是一种果蔬适应性的表现，使果蔬在暂时缺氧的情况下，仍能维持生命活动；但是长期严重的缺氧呼吸，会破坏果蔬正常的新陈代谢，对果蔬长期储藏是不利的。有氧呼吸产生的能量是无氧呼吸的 32 倍，为了获得维持生理活动所需的足够的能量，无氧呼吸就必须分解更多的呼吸基质，也就是消耗更多的营养成分。同时，无氧呼吸产生的乙醛、酒精等在果蔬体内过积累，对细胞有毒害作用，使之产生生理机能障碍，导致产品质量恶化，影响储藏寿命。

事实上，在正常呼吸条件下，也有微量的无氧呼吸存在，只是无氧呼吸在整个代谢中所占的比重比较小而已。总之，无氧呼吸的加强，对果蔬产品的储藏是不利的。

三、与呼吸有关的基本概念

（一）呼吸强度

呼吸强度是指在一定温度下，单位时间内单位重量果蔬产品呼吸所排出的二氧化碳量或吸入氧气的量。呼吸强度是衡量呼吸作用强弱（大小）的指标，通常以 1 kg 样品在 1 h 内吸入 O_2 或释放 CO_2 的毫克数或毫升数表示，其单位为 mg（mL）/kg·h。呼吸强度越大，呼吸作用越旺盛，消耗储运物质（呼吸底物）的速度越快，储运寿命就越短；反之，呼吸强度越小，储运物质（呼吸底物）的消耗越慢，果蔬储运的寿命就越长。

（二）呼吸系数（呼吸商）

呼吸系数是指一定质量的果蔬在一定时间内所释放的二氧化碳同所吸收的氧气的体积比，用 RQ 来表示。呼吸商在一定程度上可以估计呼吸作用的性质和底物的种类，以及需氧和缺氧的程度及其比例。以葡萄糖为底物的有氧呼吸，RQ = 1；以含氧高的有机酸为底物的有氧呼吸，RQ > 1；以含碳多的脂肪酸为底物的有氧呼吸，RQ < 1；当发生无氧呼吸时，吸入的氧气量少，RQ > 1。RQ 值越大，无氧呼吸所占的比例也越大；RQ 值越小，需要吸入的氧越多，氧化时释放的能量越多。所以，蛋白质、脂肪所供给的能量越高，糖类次之，有机酸最少。

（三）呼吸热

果蔬在呼吸的过程中，消耗呼吸底物，同时释放能量，一部分以生物能的形式储存起来，用于维持生命活动，剩余部分都以热能的形式释放到体外，这部分热能称为呼吸热。在储藏中，常常采用测定呼吸强度的方法间接计算它们的呼吸热。在计算呼吸热时，常常把呼吸作用释放的全部热能作为呼吸热。

在果蔬储藏运输中，如果通风散热条件差，呼吸热就无法散出，会使产品自身温度升高，进而又会刺激呼吸，放出更多的呼吸热，加速产品腐败变质。因而，储藏过程中通常要尽快排除呼吸热，降低产品温度。

果蔬采摘前后，由于阳光和气温等因素暂蓄于果蔬体内的热量称之为田间热。田间热和呼吸热是果蔬在低温下储藏时首先应克服的两个热源。两者区别：一是热源不同，田间热源于果蔬之外，呼吸热源于果蔬之内；二是处理方法不同，对田间热通常采用预储、预冷的方法，而呼吸热则要从控制呼吸强度、改善储藏环境两方面入手。

（四）呼吸温度系数

在生理温度范围（0～35 ℃）内，温度升高 10 ℃ 时呼吸强度与原来温度下呼吸强度的比值即为呼吸温度系数，用 Q_{10} 来表示。它能反映呼吸强度随温度而变化的程度。例如，$Q_{10} = 2 \sim 2.5$ 时，表示呼吸强度增加了 2～2.5 倍。该值越高，说明产品呼吸受温度影响越大。研究表明，果蔬产品在低温下，Q_{10} 值较大，表明在低温温度下温度的变化波动对呼吸强度的影响较大，因此，在储藏中应严格控制温度，即维持适宜温度的低温，是搞好储藏的前提。

（五）呼吸跃变

在果实发育过程中，呼吸强度不是始终如一的，会随着发育阶段的不同而不同。有些果实在幼嫩时呼吸旺盛；生长的过程中随着果实的膨大，呼吸强度不断下降，达到一个最低点；在成熟过程中，呼吸强度又急速上升至最高点；随着果实衰老再次下降，直到果实败坏。一般将果实呼吸的这种变化称为"呼吸跃变"，这一类果实称为跃变型果实。属于此类型的有番茄、网纹甜瓜、苹果、梨、香蕉、猕猴桃、桃、李、杏、芒果、柿子、无花果等。在这种呼吸跃变期，果实的风味品质最好，随后变坏。故呼吸跃变期实际是果实从开始成熟向衰老过度的转折时期。还有一类果实，在发育过程中没有呼吸高峰，呼吸强度基本一直下降，这类果蔬称为非跃变型果实，如柑橘、葡萄、菠萝、樱桃、荔枝、草莓、枣、黄瓜、茄子、辣椒、西葫芦等，如图1.1所示。

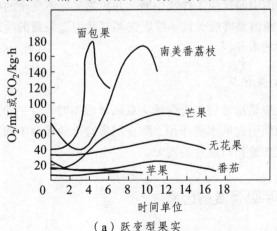

（a）跃变型果实

时间单位：无花果　　1 单位 = 2 d

其他　　　　1 单位 = 1 d

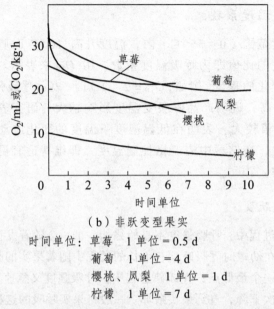

（b）非跃变型果实

时间单位：草莓　　1 单位 = 0.5 d
　　　　　葡萄　　1 单位 = 4 d
　　　　　樱桃、凤梨　1 单位 = 1 d
　　　　　柠檬　　1 单位 = 7 d

图 1.1　跃变型果实和非跃变型果实的呼吸曲线

（六）呼吸失调

在正常的呼吸过程中，由于参与各种生物化学变化的酶系统与其作用的底物在果蔬活细胞内有特定的空间分布，使代谢反应能够有条不紊地进行。当活细胞进入衰老或遭受伤害时，这种规律性的空间分布被破坏，各种代谢过程就出现混乱，呼吸的中间反应受挫或中断，并积累氧化不完全的中间产物，使细胞受害，这种现象就是呼吸失调。呼吸失调必然引起果蔬的生理障碍，是发生各种生理病害的根本原因。

（七）呼吸保护反应

呼吸保护及应是指植物在遭受伤害或病菌侵染时，会主动加强呼吸，抑制微生物所分泌的酶引起的水解作用，防止积累有毒的代谢中间产物，加强合成新细胞的成分，加速伤口愈合的现象。

四、影响呼吸强度的因素

（一）种类品种

不同种类、品种的果蔬产品，采后的呼吸强度有很大的差异。在蔬菜的各种器官中，生殖器官新陈代谢异常活跃，呼吸强度大于营养器官，所以，通常以花菜类呼吸强度最大，叶菜类次之，根茎类蔬菜（如直根、块根、块茎、鳞茎）的呼吸强度相对最小，果实类蔬菜介于叶菜和根茎类之间。对果品来说，浆果类呼吸强度最大（葡萄除外），核果类次之，仁果类呼吸强度最小。

同一种类产品，不同品种之间的呼吸强度也有差异。一般来说，晚熟品种生长期较长，积累的营养物质较多，呼吸强度低于中、早熟品种；夏季成熟品种的呼吸比秋冬季成熟的品种强；南方生长品种比北方强。

（二）成熟度

在产品的发育过程中，幼嫩组织处于细胞分裂和生长代谢旺盛阶段，且保护组织尚未发育完善，便于气体交换而使组织内部供氧充足，呼吸强度较高；随着生长发育，呼吸逐渐下降。成熟产品表皮保护组织（如蜡质、角质）加厚，新陈代谢缓慢，呼吸就较弱。在果实发育成熟过程中，幼果期呼吸旺盛，随着果实长大而减弱。跃变型果实在成熟时呼吸升高，达到呼吸高峰后又下降，非跃变型果实成熟衰老时则呼吸作用一直缓慢减弱，直到死亡。块茎、鳞茎类蔬菜在田间生长期间呼吸强度一直下降；采后进入休眠期，呼吸降到最低，休眠期后重新上升。

（三）温　度

呼吸作用是一系列酶促生物化学反应过程，在一定温度范围内，随温度的升高而增强。在植物正常生活范围（5~35 ℃）内，温度越低，果蔬的呼吸强度越缓慢，物质消耗也愈少。随着温度的升高，酶活性加强，呼吸作用加强。一般在 0 ℃ 左右时，酶的活性极低，呼吸很弱，跃变型果实的呼吸高峰得以推迟，甚至不出现呼吸峰。

降低储藏温度可以减弱呼吸强度，减少物质消耗，延长储藏时间。因此，储藏的普遍措施，就是尽可能维持较低的温度，将果实的呼吸作用抑制到最低限度，但是不能简单地认为储藏温度越低效果越好。温度过低时，糖酵解过程和细胞线粒体呼吸的速度相对加快，呼吸强度反而增大。不同品种的果蔬对低温的适应能力各不相同，都有各自适宜的储藏温度。

在储藏过程中应根据不同种类、品种的果蔬对低温的忍耐性，在不发生冷害的前提下，尽量降低储藏温度，而且要求温度是稳定的，不能波动太大。

（四）相对湿度

湿度和温度相比是一个次要因素，但仍会对果蔬呼吸产生影响。一般来说，轻微干燥较湿润更能抑制呼吸作用。例如，大白菜采后稍微晾晒，使产品轻微失水，有利于降低呼吸强度。相对湿度过高，可促进宽皮柑橘类的呼吸，因而有浮皮果出现，严重者可引起枯水病。另外，湿度过低对香蕉的呼吸作用和完熟也有影响：香蕉在90%以上的相对湿度时，采后出现正常的呼吸跃变，果实正常完熟；当相对湿度下降到80%以下时，没有出现正常的呼吸跃变，不能正常完熟，即使能勉强完熟，果实也不能正常黄熟，果皮呈黄褐色，而且无光泽。因此，在储藏果蔬时，应保持环境适宜的相对湿度。

（五）气体成分

气体成分也是影响呼吸作用的重要环境因素。一般大气含氧气21%，二氧化碳约0.03%，其余为氮气以及其他微量气体。对果蔬呼吸作用影响较大的气体有氧气、二氧化碳、乙烯等，合理调节这些气体的比例，可较好地保持果蔬新鲜状态，延长储藏期。

氧气是果蔬产品正常呼吸的重要因子，是生物氧化不可缺少的条件。降低储藏环境中的氧气含量，可抑制呼吸，并推迟一些果蔬跃变高峰的出现；但是氧气浓度并不是越低越好，氧气浓度过低时，就会产生无氧呼吸，大量积累乙醇、乙醛等有害物质，造成缺氧伤害。无氧呼吸消失的氧气浓度一般为1%~5%，不同种类的果蔬产品有差异。

同时，提高储藏环境中二氧化碳的浓度，呼吸也会受到抑制；但是二氧化碳也不是越高越好，二氧化碳浓度过高，反而会刺激呼吸作用和引起无氧呼吸，产生二氧化碳中毒，这种伤害甚至比缺氧伤害更加严重，其伤害程度决定于储藏产品周围的氧气和二氧化碳浓度、温度和持续时间。大多数果蔬产品适宜的二氧化碳浓度是1%~5%，二氧化碳伤害可通过提高氧气浓度来减轻，在较低的氧气浓度中，二氧化碳伤害则更重。

乙烯是一种植物激素，有加强呼吸、促进果蔬成熟的作用。乙烯气体可以刺激跃变型果蔬提早出现呼吸跃变，促进成熟。一旦跃变开始，再加入乙烯就没有任何影响了。用乙烯来处理非跃变的果蔬时也会产生一个类似的呼吸高峰，而且有多次反应。其他的碳氢化合物（如丙烷、乙炔等）具有类似乙烯的作用。储藏环境中的乙烯含量虽然很少，但对呼吸作用的刺激是巨大的，储藏过程中应尽量除去乙烯。

（六）机械损伤和病虫害

果蔬在采收、运输、储藏过程中常会因挤压、碰撞、刺扎等产生损伤。果蔬受机械损伤后，呼吸强度和乙烯的产生量明显提高。果蔬组织因受伤而引起呼吸强度不正常增加的现象称为"伤呼吸"。例如，伏令夏橙从 61 cm 和 122 cm 的高度跌落到地面时，其呼吸强度分别增加 10.9% 和 13.3%。呼吸强度的增加与损伤的严重程度成正比。

果蔬受伤后，果蔬组织与外界空气接触增加，气体交换加强，提高了组织内氧气含量，从而使呼吸加强。同时，当果蔬组织受伤或受到病虫害侵入时，会产生保卫反应，通过加大呼吸，增强对病虫害的抵抗及促使伤口的愈合。储藏中应避免损伤，这也是保障储藏质量的重要前提。

（七）化学物质

有些化学物质，如青鲜素（MH）、矮壮素（CCC）、6-苄基嘌呤（6-BA）、赤霉素（GA）、2,4-D、重氮化合物、脱氢醋酸钠、一氧化碳等，对呼吸强度都有不同程度的抑制作用，其中的一些也是果蔬产品保鲜剂的重要成分。

第二节　蒸发生理

植物经常处于吸水和失水的动态平衡之中，其中只有极少数（约占 1.5% ~ 2%）水分是用于体内物质代谢，绝大多数都散失到体外。除了少量的水分以液体状态通过吐水的方式散失外，大部分水分则以气体状态散失到体外，即以蒸腾作用的方式散失。蒸腾作用是指植物体内的水分以气体状态散失到大气中去的过程。

一、蒸腾作用对果蔬的影响

新鲜果品蔬菜含水量高达 85% ~ 95%，采收后由于蒸腾作用，水分很容易损失，导致果蔬的失重和失鲜，严重影响果蔬的商品外观和储藏寿命。因此，有必要进一步了解影响果蔬蒸腾作用的因素，以采取相应的措施减少水分损失，保持果蔬新鲜。蒸腾对果蔬的影响包括：

（一）失重和失鲜

采后果蔬由于蒸腾作用引起的最主要表现是失重和失鲜。失重即所谓的"自然损耗"，包括水分和干物质两方面的损失，其中主要是蒸腾失水，这是果蔬在储运中数量方面的损失。通常在温暖、干燥的环境中几个小时，大部分果蔬都会出现萎蔫。有些果蔬虽然没有达到萎蔫程度，但失水已影响果蔬的口感、脆度、硬度、颜色和风味。据试验，苹果普通储藏的自然损耗在 5%～8%，冷藏时每周失水 0.5%左右。

在蒸腾失水引起失重的同时，果蔬的新鲜度下降，光泽消失，甚至会失去商品价值，即质量方面的损失——失鲜。例如，苹果失鲜时，果肉变沙，失去脆度；萝卜失水而老化糠心等。

（二）破坏正常的代谢过程

水分是果蔬最重要的物质之一，在代谢过程中对于维持细胞结构的稳定、生理代谢的正常等方面具有特殊的生理作用。

果蔬的蒸腾失水会引起果蔬代谢失调。当果蔬出现萎蔫时，水解酶活性提高，块根块茎类蔬菜中的大分子物质加速向小分子转化，呼吸底物的增加会进一步刺激呼吸作用。例如，甘薯风干甜化就是由于脱水引起淀粉水解成糖的结果。当细胞失水达到一定程度时，细胞液浓度增高，有些离子（如 NH_4^+ 和 H^+）浓度过高会引起细胞中毒，甚至破坏原生质的胶体结构。有研究发现，组织过度缺水会引起脱落酸含量增加，并且刺激乙烯合成，加速器官的衰老和脱落。因此，在果蔬采后储藏和运输期间，要尽量控制失水，以保持产品品质，延长储运寿命。

（三）降低耐储性和抗病性

由于失水萎蔫破坏了正常的代谢过程，水解作用加强，细胞膨压下降而造成机械结构特性改变，必然影响到果蔬的耐储性和抗病性。资料表明，组织脱水萎蔫程度越大，抗病性下降得越厉害，腐烂率就越高。有试验证明，将灰霉菌接种在不同萎蔫程度的甜菜块根上，其腐烂率有很大的差异。

二、影响果蔬蒸腾的因素

果蔬蒸腾速度的快慢主要受两个方面的影响，一是产品自身性状，如品种、组织结构、理化特性等；二是储藏的环境条件，如温度、相对湿度、空气流速等。

（一）果蔬自身因素

（1）果蔬的表面积比。表面积比是指果蔬单位质量或体积所占表面积的比率（cm^2/g）。从物理学的角度看，当同一种果蔬的表面积比值高时，其蒸发失水较多。因此，在其他条件相同的情况下，叶片的表面积比果实大，其失水也快；小个果实、块根或块茎较个大的果蔬的表面积比大，因此失水也较快，在储运过程中也更容易萎蔫。

（2）果蔬的种类、品种和成熟度。植物器官水分蒸发的途径有两个，即自然孔道和表皮角质层。果蔬水分蒸腾的主要途径是通过表皮层上的气孔和皮孔等自然孔道进行，而只有极少量是通过表皮直接扩散蒸腾。一般情况下，气孔蒸腾的速度比表皮快得多。对于不同种类、品种和成熟度的果蔬，它们的气孔、皮孔和表皮层的结构、厚薄、数量等不同，因此蒸腾失水的快慢也不同。例如，叶菜极易萎蔫是因为叶片是同化器官，叶面上气孔多，保护组织差，成长的叶片中90%的水分是通过气孔蒸腾的；幼嫩器官表皮层尚未发育完全，主要成分为纤维素，容易透水，随着器官的成熟，角质层加厚，有的还覆盖着致密的蜡质果粉，失水速度减慢。许多果实和储藏器官只有皮孔而无气孔，皮孔是由一些老化了的、排列紧凑的木栓化表皮细胞形成的狭长开口，它不能关闭，因此水分蒸腾的速度就取决于皮孔的数目、大小和蜡层的性质。在成熟的果实中，皮孔被蜡质和一些其他的物质堵塞，因此水分的蒸腾和气体的交换只有通过角质层扩散进行。梨和金冠苹果容易失水，就是由于他们果皮上的皮孔大而且数目多的缘故。

（3）机械伤。机械伤会加速果蔬失水。当果蔬的表面受机械损伤后，伤口破坏了表面的保护层，使皮下组织暴露在空气中，因而容易失水。虽然在组织生长和发育早期，伤口处可形成木栓化组织，使伤口愈合，但是产品的这种愈伤能力随着植物器官的成熟而减小，所以收获和采后操作时要尽量避免损伤。有些成熟的产品也有明显的愈伤能力，例如，块茎和块根。在适当的温度和湿度下可加快愈伤。表面组织在遭到虫害和病害时也会造成伤口，增加水分的损失。

（4）细胞的保水力。细胞中可溶性物质和亲水性胶体的含量与细胞的保水力有关。原生质较多的亲水胶体，可溶性物质含量高，可以使细胞具有较高的渗透压，因而有利于细胞保持水分，阻止水分向外渗透到细胞壁和细胞间隙。

另外，细胞间隙的大小对失水也有影响，细胞间隙大，水分移动时阻力小，因而移动速度快，有利于细胞失水。

（二）环境因素

（1）温度。温度可以影响空气的饱和湿度，也就是空气中可以容纳的水蒸气量，导致产品与空气中的水蒸气饱和差（饱和湿度与绝对湿度的差值）改变，从而影响产品失水的速度。温度越高，空气的饱和湿度越大，也就是空气的持水能力提高。例如，在 90%相对湿度下，10 ℃ 比 0 ℃ 空气中可容纳的水蒸气更多，因而在 10 ℃ 环境下的产品的失水速度比在 0 ℃ 环境下的产品大约快 2 倍。当环境中的绝对湿度不变而温度升高时，产品与空气之间水蒸气的饱和差增加，此时果蔬的失水就会加快。当温度下降到饱和蒸汽压等于绝对蒸汽压时，就会发生结露现象，产品表面出现凝结水。反之，随温度下降，饱和差变小，果蔬的失水也相应变慢和减少。

根据果蔬水分蒸腾与温度的关系，可将果蔬分为以下三种类型：

① 温度下降，蒸腾量急剧下降：马铃薯、番薯、洋葱、胡萝卜、柿子等。

② 温度下降，蒸腾下降：番茄、花椰菜、西瓜、枇杷等。

③ 与温度关系不大，蒸腾失水快：芹菜、菠菜、茄子、黄瓜、蘑菇、芦笋、草莓等。

（2）湿度。湿度分为绝对湿度和相对湿度。绝对湿度是指水蒸气在空气中所占比例的百分数；相对湿度（RH）是指空气中水蒸气压与该温度下饱和水蒸气压的比值，用百分数表示。饱和空气的相对湿度就是 100%。果蔬失水速度依赖于产品和周围环境的蒸汽压差。蒸汽压差越大，水分损失增加，而这种压力差又受温度和相对湿度的影响。在一定的温度和气流下，失水速度决定于相对湿度。在一定的相对湿度条件下，水分损失随温度的提高而增加。

由于果蔬中的水含有不同溶质，因此果蔬组织中的水蒸气压不可能是 100%，大部分果蔬与环境空气达到平衡时的相对湿度约为 97%。当空气的湿度较低时，果蔬中的水分就会向空气中扩散，直至达到平衡时才停止失水。可见，果蔬的蒸腾失水率与储藏环境中的湿度呈显著的反相关。

（3）空气流速。果蔬的失水速度也与环境中的风速有关。空气流经产品表面，可将产品的热量带走，但同时也会增加产品的失水。风对蒸腾的影响比较复杂。微风可以促进蒸发，因为风能将其外边的水蒸气吹走，补充一些相对湿度较低的空气，扩散层变薄，外部扩散阻力减小，蒸腾就加快；而强风可能引起气孔关闭，内部阻力增大，蒸腾就会减慢一些。因此，在储运过程中适当控制环境中的空气流动，可以减少产品的失水。

（4）光。光主要通过两个作用促进蒸发：一是光可使果蔬气孔张开而有利于蒸发；二是由于光线的照射，使果蔬自身温度升高，从而提高了内部蒸汽压而促进蒸发。

（5）气压。在一般状态下，果蔬储藏在 101.325 kPa 左右的气压范围内，对蒸腾的影响不大；但在采用真空冷却、真空干燥、减压预冷和减压储藏等技术时，都需要改变气压，气压越低，液体沸点越低，越易蒸发。

第三节　成熟衰老生理

　　果实经过一系列发育过程并已经完成成长历程，达到最适合的食用阶段，即从果实发育定型到生理完全成熟的阶段称为成熟。果实达到成熟阶段时已充分长成，其特征主要表现为绿色消失，显现出其特有的色香味，淀粉含量减少，可溶性糖含量迅速增加，果实变甜；有机酸含量下降，酸味减少；涩味消失，果实组织由硬变软。由于果蔬种类不同，成熟变化并非同步进行，所以成熟又可分为初熟、完熟和老熟。例如，洋梨、猕猴桃等果实尽管已达到生理成熟阶段，但是果实很硬，还不能食用，待放置一段时间后才宜食用。这种经过软化的过程，果实的质地、风味、香气、色泽才达到最佳食用阶段的现象称为完熟。达到食用标准的完熟可以发生在植株上，也可以发生在采后。果实采后呈现特有的色香味的过程称为后熟，在后熟的过程中，果实在乙烯产生、呼吸上升、物质消长等生理上也发生着一系列的变化。因此，适当控制温度、湿度和空气成分，可延缓后熟过程的进行，为果实储藏提供极为有利的条件。

　　果蔬的衰老是指一个果实已走到个体发育的最后阶段，果肉组织开始分解，其生理上开始一系列不可逆的变化，最终导致细胞崩溃及整个器官死亡的过程。目前，较为流行的果蔬衰老假说有激素与衰老学说、自由基与衰老学说、基因调控与衰老学说等。它们虽为果蔬衰老的研究提供了很好的思路和模式，但是每一种机理都有其难以解释的问题，在此都不详述。

一、成熟和衰老期间的变化

　　果蔬产品在成熟和衰老期间，从外观品质、质地、口感风味到呼吸生理等，会发生一系列变化。

（一）外观品质

　　产品外观最明显的变化是色泽。果实未成熟时叶绿素含量高，外观呈现绿色；成熟期间叶绿素下降，果实底色显现，同时色素（如花青素和胡萝卜素）积累，呈现本产品固有的颜色（红、黄、橙、紫等）。

（二）质　地

　　果肉硬度下降是许多果实成熟时的明显特征。此时，一些能水解果胶物质和纤维素的酶类活性增加，水解作用使中胶层溶解，细胞壁发生明显变化，结构失去黏结性，造成果肉软化。

（三）口感风味

成熟阶段，淀粉水解，含糖量增加，果实变甜，含酸量最高，达到食用最佳阶段。随着成熟或储藏期的延长，呼吸消耗的影响，糖、酸含量逐渐下降（储藏中更多地利用有机酸作为呼吸底物），果实糖酸比增加，风味变淡。未成熟的果实细胞内含有单宁物质，使果实有涩味；成熟过程中，单宁物质被氧化或凝结成不溶性物质，涩味消失。

（四）生理代谢

跃变型果实达到完熟时呼吸急剧上升，出现跃变现象，果实进入完全成熟阶段，品质达到最佳可食状态。同时，果实内部乙烯含量急剧增加，促进成熟衰老进程。

（五）细胞膜

产品采后劣变的重要原因是组织衰老中遭受环境胁迫时，细胞的膜结构和特性将发生改变，普遍特点是膜透性和微黏度增加流动下降，膜的选择性和功能受损。膜的变化引起代谢失调，最终导致产品死亡。

二、成熟衰老的机制

果蔬产品在生长、发育、成熟、衰老的过程中，生长素（IAA）、赤霉素（GA）、细胞分裂素（CK）、脱落酸（ABA）、乙烯五大植物激素的含量会有规律地增长和减少，保持一种自然平衡状态，控制果蔬产品的成熟和衰老。成熟与衰老在很大程度上取决于抑制与促进成熟和衰老的两大类激素的平衡。

生长素、赤霉素、细胞分裂素属生长激素，抑制果实的成熟与衰老。生长素无论是对跃变型果实，还是对非跃变型果实，都表现出阻止衰老的作用，并对脱落酸和乙烯催熟有抑制作用。赤霉素和细胞分裂素可以抑制果实组织乙烯的释放和衰老。植物或器官的幼龄阶段，这类激素含量较高，控制着细胞的分裂、伸长，并对乙烯的合成有抑制作用，进入成熟阶段后，这类激素含量减少。

脱落酸、乙烯是衰老激素，促进果蔬成熟与衰老。乙烯是最有效的催熟致衰剂，产品采后的一系列成熟、衰老现象都与乙烯有关。脱落酸对完熟的调控在非跃变型果实中表现比较突出，这些果实在完熟过程中，脱落酸含量急剧增加而乙烯的生成量很少。例如，葡萄、草莓等随着果实的成熟，脱落酸积累，施用外源脱落酸能促进柑橘、葡萄、草莓等果实的完熟。跃变型果实在完熟中也积累脱落酸，故施用外源脱落酸也能促进这类果实的成熟。衰老激素在植物幼龄阶段含量少，成熟阶段含量高。

随着钙调素（CaM）的发现，钙不再被认为仅仅是植物生长发育所需的矿物质元素之一，而是有着重要生理功能的调节物质。完熟过程中，果实的钙含量与呼吸速率呈负相关，并且钙能影响呼吸高峰出现的早晚进程和峰的大小，抑制成熟进程中果实内源乙烯的释放，延缓果实的成熟与衰老。在逆境条件下，如果果实组织的胞内和胞外钙系统受到破坏，则细胞功能会受到影响，从而使一些生理失调和衰老加剧。

三、乙烯对成熟和衰老的影响

乙烯作为促进果蔬成熟衰老的主要激素物质，对果蔬的储藏性、果蔬储藏期间生理品质的影响主要表现在以下几个方面：一是对果蔬呼吸作用的影响。果实成熟时自身可以产生乙烯并且释放到空气中，又反过来促进果实的呼吸代谢，加速后熟。二是对果实品质的影响。乙烯促进淀粉含量下降，转化为可溶性糖，使果实变甜；促进果胶酶活性增加，使原果胶含量下降，水溶性果胶含量增加，果实变软，叶绿素减少，有色物质增加。三是乙烯对果实特别是跃变型果实的储藏寿命起到决定性的作用。乙烯对植物其他组织影响较小，但也有不利影响，如可使绿叶蔬菜和嫩绿果失绿、失鲜。

四、成熟衰老的调控

（一）调节温度控制

温度对园艺产品的影响主要是对呼吸的影响。温度降低，呼吸速度降低，乙烯产生量、蒸腾代谢量降低，后熟衰老减缓。

温度对采后产品的影响表现在多方面。当产品处于不适宜的高温条件下时，对采后产品的影响如下：

① 加速呼吸及其他代谢活动，物质的降解加快；

② 乙烯合成速率提高，进而刺激衰老，降低抗病性；

③ 失水加快，加速失重、失鲜；

④ 为微生物的活动、侵染提供了有利条件，加速侵染性病害发生，一些

生理性病害在高温下也会受到诱导或加重。

⑤ 芳香物质等有害成分的合成受到促进，反过来刺激和加快成熟衰老进程。

不同的产品之间温度要求差异很大。一般原产于温带的产品能耐受较低的温度；原产于热带、亚热带地区的产品种类，其系统发育处于较高的温度条件下，因此，对低温比较敏感，用较低的温度进行保藏就易造成危害。

同一种产品，不同的年龄或发育状态，对温度的要求也有差异。储藏中若温度过低，低于其适宜范围，或超出其忍耐极限，就会造成危害。

（二）调节湿度控制

采收后的新鲜园艺产品和采前一样，仍在不断地进行蒸腾作用。所不同的是，采后的蒸腾失水无法再得到补充，失水就会造成品质的变化，耐储性降低。储藏的不同时期，湿度管理不同。水分的损失程度受环境中湿度条件的影响，也受温度的影响。

1. 温　度

生产中若不进行预冷，产品带有的田间热不彻底消除就入库，就会造成诸多危害，其中之一即是蒸腾失水。

2. 湿　度

低湿度会加速产品蒸腾，高湿度条件下病菌滋生又是一大问题，所以解决防腐问题要与之相配合。

有的产品不适宜高湿度储藏，例如：① 洋葱、大蒜等；② 柑橘的一些种类（易出现枯水等生理病害。）RH:85%；③ 大白菜在刚采下时要适当干燥处理。

（三）调节气体控制

改变环境中的气体组织，一般是升高 CO_2 或降低 O_2 含量，均能有效地抑制产品的代谢，延缓成熟衰老进程。

1. 气体调节对产品基础代谢的影响

（1）抑制呼吸作用。当降低 O_2 或升高 CO_2 时，均能抑制呼吸强度、乙烯合成速率有机酸降解速度。

（2）降低糖的损失。因调气抑制呼吸作用，从而减缓了基质的消耗。

（3）含 N 化合物的降解速度减慢。表现在储藏产品醇溶性 N 和蛋白质 N 含量高；原果胶的降解受到抑制；叶绿素降解速度减缓，空调储藏的产品叶绿素的含量高。

（4）乙醛积累。在空调中，当 O_2 过低，CO_2 过高时，易诱发缺氧呼吸，乙醛在组织内积累，严重时使组织受害而褐变。

2. 低 O_2 浓度的生理效应

在储藏环境中降低 O_2 的浓度会产生下列生理效应：降低呼吸强度和基质的氧化速度，延缓跃变型果实呼吸高峰到来的时间，降低峰值；抑制叶绿素的降解，减少乙烯的生物合成；延缓原果胶的降解速度；降低维生素 C 的损失。

3. 高 CO_2 浓度的生理效应

当储藏环境中的 CO_2 浓度升高时，会导致下列生理效应：抑制呼吸作用，降低呼吸底物的消耗；降低引起成熟的合成（某些蛋白酶、色素成分的合成）作用；抑制某些与呼吸有关的酶（如琥珀酸脱氢酶、细胞色素氧化酶等）的活性；减少挥发性物质的产生；干扰有机酸的代谢，特别是抑制琥珀酸的积累；降低果胶物质的分解速度；抑制叶绿素的降解，果实的脱绿作用明显缓慢；改变各种糖的比例，特别是富含淀粉的产品，在这种条件下有利于转化糖比例升高，口味变甜（如栗子、薯类等产品）。

低 O_2 浓度、高 CO_2 浓度的条件，对产品有杀菌的作用，但超过产品的忍受极限时，又会产生一些负效应：低 O_2 导致缺氧呼吸，高 CO_2 还会引起生理病害。

4. 乙烯伤害

由乙烯导致的果蔬的衰败和病害称为乙烯伤害。病状通常是果皮变暗变褐，失去光泽，外部出现斑块，甚至软化腐败。红元帅苹果在乙烯浓度超过 500 mg/L 时，果实的肉质很快变软，绵化，称为苹果粉绵病。20～35 mg/L 乙烯可使莴苣叶脉两侧或叶身出现褐斑。

5. 其他气体伤害

除 O_2、CO_2、乙烯外，SO_2、NH_3 也可能诱发生理病害。用 SO_2 熏蒸消毒库房时，浓度过高或消毒后通风不彻底，易导致入储果蔬中毒现象。例如，果面会出现漂白或变褐，形成水渍斑点，微微起皱，严重时以气孔为中心形成坏死小斑点，密密麻麻地布满果面，皮下果肉坏死，深约 0.5 cm。如果氨制冷系统泄露 NH_3，则极易与产品接触引起变色和产生坏死斑。例如，红色苹果和葡

萄接触 NH_3 后红色褪去；洋葱接触 NH_3 后，红皮、黄皮和白皮洋葱分别变为黑绿色、棕黄色和绿黄色，湿度高时变色加快，在 $1\%NH_3$ 中经 1 h 即可变色；番茄接触 NH_3 后不能正常变红，且组织破裂；蒜薹接触 NH_3 后则出现不规则的浅褐色凹陷斑，浓度高时整个薹条很快黄化。

（四）钙处理

1. 钙的主要作用

高钙含量可以抵消高氮的不利影响，延缓果实硬度的下降，保持其脆性；进入衰老期后，产品的合成活性明显下降，而钙可抑制这种下降速度，使相关的合成作用维持在一定的水平上；高含量的钙还可有效地抵消乙烯对器官脱落的促进作用，推迟衰老。目前人们主要是采用氯化钙溶液浸泡，使用浓度一般为 $2\% \sim 12\%$。

2. 钙的作用机理

钙在维持细胞膜的完整性方面有一定的作用，它能影响呼吸系统中一些酶的活性（降低苹果中脱氢酶、丙酮酸脱羧酶的活性），从而降低呼吸速率。钙能维持果实硬度，主要是因为它抑制了果胶酶的活性，降低了果胶降解的速度。钙还能维持细胞合成蛋白质的能力，果实在进入成熟衰老阶段后，蛋白质的合成能力明显降低，低钙含量的果实尤其明显，其核酸和蛋白质的合成能力降低 $30\% \sim 70\%$。

（五）化学药剂

化学药剂是控制成熟与衰老的重要物质。细胞分裂素（BA）对叶绿素的降解有抑制作用；赤霉素（GA）可以降低呼吸强度，推迟呼吸高峰的出现，延迟变色；青鲜素（MH）处理可以增加硬度、抑制呼吸，防止大蒜等蔬菜在储藏过程中发芽；B9（二甲胺基琥珀酸酰胺）可用于增加果实的着色和硬度，并能抑制乙烯的产生。

第四节　低温伤害生理

低温通常对果蔬储运是有利的，果蔬采收后进行低温储藏保鲜能增加其产后附加值，但是果蔬采后仍是活的有机体，不适宜的低温则会对其造成低温伤害。低温伤害可根据低温程度和受害情况分为冷害和冻害，冷害的发生会导致所储产品品质降低，严重影响经济效益。多年来，国内外相关人员进行了大量的有关果蔬储藏冷害的研究，并且主要集中在冷害的发生机制和防止措施方面。

一、冷害

冷害（chilling injury）又称寒害，是指植物组织在其冻结点以上的不适低温所造成的伤害。冷害主要发生在原产于热带、亚热带的水果和蔬菜上，如香蕉、菠萝、黄瓜、青椒等；某些温带水果（如苹果、梨）的某些品种，当在 0～4℃下长期储藏时，同样会产生冷害症状，如皮层、果肉变色，出现焦斑病。值得注意的是，果蔬在冷害低温下储藏时，往往并不立即表现出冷害症状，只有将其转移到较温暖的环境下才表现出来。由于冷害的发生具有潜伏性，因此危害更大。

（一）果蔬冷害的常见症状

冷害的常见症状是果面上出现凹陷斑点、水渍状病斑、萎蔫，果皮、果肉或种子变褐，不能正常后熟，果蔬风味变劣，出现异味甚至臭味，加速腐烂。不同果蔬的冷害症状有所区别。冷害症状通常是果蔬处于低温下出现的，但有时在低温下症状并不明显，移到常温后呼吸反常，很快腐烂。冷害临界温度以下的温度可分为高、中、低 3 档，储藏在高档温度下的果蔬，生理伤害轻，所以症状也轻；低档温度下生理伤害最重，但症状因温度很低而表现慢甚至受到抑制，所以看起来也较轻，但转入常温后则会发生爆发性的变化；中档温度介于两种情况之间，所以在储藏中就显得较其他两个温度档次严重。例如，黄瓜在 4～5℃ 的低温下储藏时，腐烂忽冻忽化，在 7～9℃ 环境下的黄瓜基本无冷害症状，而在 1～2℃ 环境下的黄瓜表面看起来很正常，但移至室温则几小时就出现腐烂症状，货架期非常短。一般原产于热带、亚热带地区的水果、蔬菜及地下根茎类蔬菜对低温比较敏感，如香蕉、芒果、青椒、绿熟西红柿、黄瓜、茄子、西瓜、冬瓜、豆角、姜、甘薯等，储藏适温一般都在 7℃ 甚至更高，而叶菜类则对 0℃ 以上的低温不敏感。

（二）冷害的特点

（1）果蔬冷害损伤程度与低温的程度和持续时间长短密切相关。在冷害温度下，储藏温度越低，持续时间越长，冷害症状越严重，反之则越轻。例如，黄瓜在 1 ℃ 储藏 3 d，即出现冷害症状，而在 5 ℃ 环境下储藏 10 d 才出现冷害症状。

（2）冷害还可以累积。果菜类在采前受到 5 d 冷害温度的影响，采后又经历 5 d 冷害温度，其表现的受害程度与连续 10 d 的冷害相仿。采前持续的低温（处于冷害临界温度以下）会造成采后冷害的发生，因此果菜类在田间遭霜打后不耐储藏，严重的很快表现出冷害症状，导致腐烂。

（3）果蔬对冷害的敏感程度与栽培地区及其生长季节有关。温暖地区生长的果蔬比冷凉地区的果蔬敏感，夏季产品比秋季产品敏感。例如，上海地区的西瓜低于 16 ℃ 储藏即产生冷害，北京地区的西瓜产生冷害的温度为 12 ℃，而哈尔滨地区的西瓜则为 8 ℃ 左右。秋季露地种植的果蔬，比温室大棚种植的果蔬耐低温。如辽宁地区秋季露地辣椒最低储温为 7 ℃，大棚种植的辣椒则不应低于 9 ℃。因此，各种果蔬的储藏适温是相对的，而不是绝对的，与其生长地区、栽培季节和栽培方式等密切相关。

（4）果蔬对冷害的敏感程度与其成熟度有关。提高果蔬的成熟度可降低果蔬对冷害的敏感度。例如，绿熟西红柿储藏适温为 10 ~ 13 ℃，低于 10 ℃ 则不能正常转色，而完全成熟的西红柿则可储藏在 0 ℃，而不影响其风味。

二、冻 害

冻害是指果蔬在冰点（0 ℃）以下低温时由于发生冻结而造成的伤害。植物对冰点以下低温的适应叫抗冻性，常与霜害伴随发生。在世界上许多地区都会遇到冰点以下的低温，这对多种作物可造成程度不同的冻害。我国各地普遍存在冻害，每年受低温冻害面积达 200 多万平方千米。因此，冻害是限制农业生产的一种自然灾害，应予重视。

发生冻害的植物表现在叶片，如烫伤，组织因细胞失去膨压而变软，叶色变为褐色，严重时死亡；而果蔬发生冻害的发生冻害的具体表现为组织半透明或结冰，颜色变深、变暗，表面组织产生褐变。

（一）冻害的机理

（1）细胞间结冰引起植物伤害。细胞间结冰是指温度下降的时候，细胞间隙当中细胞壁附近的水分结冰，其主要原因就是原生质过度脱水，使蛋白质变性或原生质发生不可逆的凝胶化；其次就是在细胞间形成的冰晶体过大，对细胞造成机械损伤以及解冻过快对细胞的损伤。

（2）胞内结冰对细胞的危害。胞内结冰常给植物带来致命的损伤，其主要原因就是机械损害，这种危害比较直接。原生质是有高度精细结构的组织，冰晶形成以及融化时对质膜与细胞器以及整个细胞质产生破坏作用，使酶活动无秩序，影响代谢。

（二）果蔬组织的冻结对储藏的影响

果蔬组织内含水量很高，在冰点以下的温度下，细胞内外水分会发生结冰，细胞液浓度升高。当某些离子的浓度增加到一定程度时，pH 会发生变化，从而使细胞受害，与此同时，由于发生结冰，细胞体积膨胀，细胞产生膨胀压力，造成机械损伤，在解冻后汁液外流，不能恢复到原来的鲜活的状态，风味也会受到影响。例如，马铃薯、萝卜等在受冻后，不仅煮不烂，而且原有风味消失，失去食用价值。

（三）影响冻害发生的因素

果蔬受冻害的程度决定于受冻时的温度及持续时间。环境温度不太低或持续时间不长，组织的冻结程度就轻，仅限于细胞间隙的水结冰，细胞结构未遭到破坏，解冻后的果蔬组织还可以恢复生机；但是解冻时要缓慢，逐步升高温度，使细胞间隙中的水缓慢融化，水分才能重新被细胞吸收，否则会影响品质。

第五节　休眠生理

休眠是植物体或其器官在发育的某个时期生长和代谢暂时停顿的现象，通常特指由内部生理原因决定，即使外界条件（温度、水分）适宜也不能萌动和生长的现象。种子、茎（包括鳞茎、块茎）、块根上的芽都可以处于休眠状态。

一、休眠的现象

休眠是一种相对现象，并非绝对地停止一切活动，它是植物发育中的一个周期性时期，是植物在进化过程中形成的一种对环境条件和季节性气候变化的生物学适应。植物生长发育过程中遇到不良环境条件时，有的器官会暂时停止生长，这种现象称为休眠。例如，种子、芽、鳞茎、块茎类蔬菜发育成熟后，体内积累了大量营养物质，原生质发生变化，代谢水平降低，生长停止，水分蒸腾减少，呼吸作用减缓，一切生命活动都进入相对静止的状态，以便增加对不良环境的抵抗能力。植物在休眠期间，新陈代谢、物质消耗和水分蒸发都降到最低限度，较好地保持了蔬菜的使用品质，对储藏极为有利。

不同种类的果蔬其休眠期长短不同。马铃薯的休眠期为 2～4 个月；洋葱的休眠期为 1.5～2.5 个月；大蒜的休眠期为 60～80 d，一般夏至收获，到 9 月中旬芽子开始萌发。另外，休眠期在果蔬品种间也存在差异。我国不同品种马铃薯的休眠期可以分为 4 种情况：无休眠期的，如黑滨；休眠期比较短的，如丰收白，其休眠期大约有 1 个月；休眠期中等的，如白头翁，其休眠期有 2～2.5 个月；休眠期长的，如克新 1 号，其休眠期在 3 个月以上。

二、休眠的类型

休眠按起因和深度可以分为生理休眠和被迫休眠。生理休眠又称自发性休眠，是植物内在因素引起的休眠，它主要受基因的调控，即使给予适宜的条件仍然要休眠一段时间，暂时不萌发。被迫休眠又称他发性休眠，是不良环境条件造成的暂停发芽生长，当不良环境因素改变后便可恢复生长。具有典型生理休眠阶段的蔬菜有洋葱、大蒜、马铃薯、生姜等；而大白菜、萝卜、花椰菜等不具有生理休眠阶段，在储藏中常因低温等条件抑制了发芽而处于被迫休眠状态。

三、休眠的生理生化特征

蔬菜休眠可分为三个阶段。第一个阶段称作休眠前期，也可以叫做准备阶段，此阶段是蔬菜从生长向休眠的过渡阶段，蔬菜刚刚收获，代谢旺盛，呼吸强度大，如果条件适宜可诱发芽子生长，延迟休眠。第二个阶段叫生理休眠期，也可称深休眠或真休眠，在此阶段蔬菜真正处于相对静止的状态，其新陈代谢下降到最低水平，外层保护组织完全形成，水分蒸发减少，在这一时期即使有适宜的条件也不会发芽，深休眠期的长短与蔬菜的种类和品种有关。第三个阶段叫复苏阶段，也可以称为强迫休眠阶段，即通过休眠后，如果环境条件不适宜抑制了代谢机能的恢复，器官继续处于休眠状态；一旦外界条件适宜，便会打破休眠，此时蔬菜由休眠向生长过渡，体内的大分子物质又开始向小分子转化，可以利用的营养物质增加，为发芽、伸长、生长提供了物质基础；此阶段可以利用低温强迫产品休眠，延长储藏寿命。

四、控制休眠的方法

（一）温、湿度和气体成分对休眠的影响

低温、低湿和适当地提高 CO_2 的浓度等改变环境条件抑制呼吸的措施都能延长休眠。与此相反，适当的高温、高湿、高氧都可以加速休眠的解除，促进萌发。在生产上，催芽一般要提供适宜的温度、湿度也是同样的道理。而高温干燥对马铃薯、大蒜和洋葱的休眠有利，低温对板栗的休眠有利。5%的氧和10%的二氧化碳对抑制洋葱发芽有一定的作用。因此，我们应当利用蔬菜休眠期的特点，创造条件，达到延长储藏期的目的。

（二）化学药剂对休眠的影响

（1）萘乙酸甲酯（MENA）可防止马铃薯发芽，它具有挥发性，薯块经它处理后 10 ℃ 条件下可一年不发芽，在 15～21 ℃ 条件下也可以储藏好几个月。它不仅能抑制芽，而且可以抑制萎蔫。使用时先将 MENA 喷到作为填充用的碎纸上，然后把碎纸与马铃薯混在一块，或者把 MENA 药液与滑石粉或细土拌匀，然后撒到薯块上，当然也可将药液直接喷到薯块上。MENA 的用量与处理时期有关，休眠初期用量要多一些，而在块茎开始发芽前处理时，用量则可大大减少。上海等地的用量为 0.1～0.15 mg/kg。

（2）氯苯胺灵（CIPC）是一种采后使用的马铃薯抑芽剂，使用 CIPC 可以防止薯块在常温下发芽。薯块愈伤后使用效果才好，因为它会干扰愈伤。CIPC粉剂使用量为 1.4 g/kg，将 CIPC 粉剂分层喷在马铃薯中，密封覆盖 24～48 h，等 CIPC 汽化后，打开覆盖物。

（3）青鲜素（MH）是洋葱、大蒜等鳞茎类蔬菜的抑芽剂，采前应用时，必须将 MH 喷到洋葱或大蒜的叶子上，药剂吸收后渗透到鳞茎内的分生组织中和转移到生长点，起到抑芽作用。一般是在采前两周喷洒，喷药过晚叶子干枯，没有吸收与运转 MH 的功能，使用过早鳞茎还处于迅速生长阶段，MH 对鳞茎的膨大有抑制作用，会影响产量。MH 的浓度以 0.25%为最好，每亩的用药量为 60 kg 左右。

（三）辐射对休眠的影响

　　辐射处理对抑制块茎、鳞茎类蔬菜（如马铃薯、洋葱、大蒜和生姜等）的发芽都有效，并已在世界范围内获得公认和推广。用 6～15 krad 射线处理后的蔬菜可以长期不发芽，并在储藏过程中保持良好的品质。抑制洋葱发芽的 γ - 射线辐射剂量为 4 000～10 000 伦琴，抑制马铃薯发芽的 γ-辐射剂量为 8 000～10 000 伦琴。

任务三　果蔬采后商品化处理及运输

第一节　采　收

　　采收是果蔬生产中的最后一个环节，同时也是影响其储藏成败的关键环节。采收的目标是使果蔬产品在适当的成熟度时转化成为商品。采收速度要尽可能快，采收时力求做到最小的损伤以及最小的花费。

　　果蔬产品采收的原则是适时和无伤。适时就是在符合鲜食、储藏、加工的要求时采收。无伤就是要避免机械损伤，保持果蔬产品的完整性，以便充分发挥其特有的耐藏性和抗病性。

　　果蔬产品的成熟度可以按其不同用途分为三种：① 采收成熟度。果实到这个时期基本上完成了生长和物质的积累过程，母株不再向果实输送养分，果实体积停止增长，种子已经发育成熟，达到可采收的程度，此外果实风味还未发展到顶点，需要一段时间的储藏，内含物经转化，风味才呈现出来。需长期储存和长途运输的果脯类产品的原料宜在采收成熟度时采收，采收成熟度以前收的果实无论采取什么措施，也不可能达到应有的风味。② 食用成熟度。果类在这时期充分表现出本品种特有的外形、色泽、风味和芳香，在化学成分和营养价值上也达到最高点。就地销售、加工及近距离运输的果实，此时采收质量最佳，制作罐头水果、果汁、果酒、干果等均可此时采收。③ 过熟。果实生理上已达到充分成熟的阶段，果肉中不断进行的分解过程使风味物质消失，变得淡而无味，质地松散，营养质量大大降低，这种状态称为过熟。以种子供食用的干果都需要在此时或接近过熟时采收，留种果实也应在此时采收。

一、适时采收

采收期取决于产品的成熟度、产品的特性和销售策略。产品根据其本身的生物学特性和采后用途、市场远近、加工和储运条件而决定其适宜的采收成熟度。

（一）适时采收的重要性

采收时期是否适当，对产品的产量和采后储藏品质有着很大的影响。采收过早，果蔬产品器官还未达到成熟的标准，单果重最小，产量低，品质差，果蔬产品本身固有的色、香、味还未充分表现出来，耐储性也差；采收过晚，果实已经成熟，接近衰老阶段，采后必然不耐储藏和运输，在储运中自然损耗大，腐烂率明显增高。因此，确定适宜的采收成熟期是至关重要的。另外，适宜的采收期确定不仅取决于果蔬产品的成熟度，而且还取决于果蔬产品采后的用途、采后运输距离的远近、储藏方法、储藏和货架期的长短以及产品的生理特点。一般就地销售的产品可以适当晚些采收，而作为长期储藏和远距离运输的产品则应该适当早些采收，如香蕉、芒果、番茄等。对葡萄等采后不能进行后熟的果实则应该待果实风味、色泽充分形成后再采收。

（二）采收成熟度的确定

果蔬的采收成熟度在生产上常用以下方法来确定：

（1）生长期。在正常气候条件下，各种果蔬都要经过一定的天数才能成熟。因此，可根据生长期来确定适宜采收的成熟度。如元帅系列苹果的生长期一般为 146 d 左右；有些果蔬产品成熟时会表现出一些特征，如西瓜的瓜秧卷须枯萎，冬瓜表皮"上霜"。苹果一般早熟品种应在盛花后 100 d，中熟品种 100～140 d，晚熟品种 140～175 d 采收。应用果实生长期判断成熟度，有一定的地区差异，例如，国光苹果采收期在陕西是盛花后 175 d，在山东是 160 d，在北京是 185 d 以上。现在，国外科学家在计算日历期时，已经增加了温度、果实出现梗洼时间等因素，能较精确地计算出适宜上市的采收期和适宜储藏的采收期。

（2）表面色泽的显现和变化。许多果实在成熟时都显示出它们特有的果皮颜色，在生产实践中，果皮的颜色成了判断果实成熟度的重要标志之一。色泽包括底色和面色。一般果实成熟前为绿色，果实成熟过程中，其底色由深变浅，由绿转黄，可将该品种固有色泽的显现程度作为采收标志。一般未成熟果实的果皮中含有大量的叶绿素；随着果实的成熟，叶绿素逐渐降解，类胡萝卜素、花青素等色素逐渐合成，果实成熟特有的颜色显现出来。例如，甜橙：绿色→橙黄色；红橘：绿色→橙红色；柿子：青绿色→橙红色。

（3）硬度或坚实度。果实的硬度是指果肉抗压能力的强弱，抗压力越强，果实的硬度就越大。一般随着成熟度的提高，硬度会逐渐下降，因此，根据果实的硬度，可判断果实的成熟度。通常用硬度计测定果实的硬度。苹果、梨、桃、李等水果的成熟度与硬度的关系十分密切。采收的目的不同，对采收硬度的要求也不同。例如，红元帅系列和金冠苹果采收时，适宜的硬度应在 7.7 kg/cm^2 以上，青香蕉为 8.2 kg/cm^2，秦冠、国光为 $\geq 9.1 \text{ kg/cm}^2$，鸭梨为 $7.2 \sim 7.7 \text{ kg/cm}^2$，莱阳茌梨为 $7.5 \sim 7.9 \text{ kg/cm}^2$。

（4）果蔬主要化学物质的含量。与成熟度有关的化学物质有淀粉、糖、有机酸、可溶性固形物等。果蔬中某些化学物质（如淀粉、糖、酸）的含量及果实糖酸比的变化与成熟度有关。可以通过测定这些化学物质的含量，确定采收时期。苹果成熟过程中，淀粉含量下降，含糖量上升；柠檬应该在含酸量最高时采收；马铃薯、芋头应在淀粉含量高时采收，耐储性好。

（5）果梗脱离的难易度。有些种类的果实，成熟时果柄与果枝间常产生离层，稍一震动，果实就会脱落，所以常根据其果梗与果枝脱离的难易程度来判断果实的成熟度。例如，苹果和梨成熟时，果柄与果枝会产生离层，稍一震动果实就会脱落，如不及时采收就会造成大量落果，造成经济损失。

（6）其他方法。

① 果实的形态。果蔬产品成熟后，无论是其植株或产品本身都会表现出该产品固有的生长状态，根据经验可以作为判别成熟度的指标。例如，香蕉未成熟时果实的横切面呈多角形，充分成熟后，果实饱满、浑圆，横切面呈圆形。某些情况下，某些品种可用果实形状来确定成熟度。例如，西瓜和香瓜可根据其与瓜蒂相对一头的形状来确定成熟度，黄瓜在身体膨大之前采收等。

② 根据植株的生长状况来确定成熟度。一些地下茎、鳞茎类蔬菜（如洋葱、大蒜、芋头、姜等）在地上部分开始枯黄、枯萎、倒伏时为最佳采收期，此时蔬菜耐储性最好。

③ 果实表面保护组织形成。

二、采收方法及技术

（一）采收准备

常用的工具有采果剪、采果梯、采果筐、采果袋、采果箱、运输车等。

（二）采收方法

果蔬的采收方法有人工采收和机械采收。对于鲜销和长期储藏的果蔬最好人工采收。虽然人工采收增加了生产成本，但由于很多果蔬鲜嫩多汁，用人工采收灵活性很强，可以做到轻采轻放，能减少甚至避免碰擦伤。机械采收可以节省大量劳动力，适用于那些成熟时果梗与果枝之间形成离层的果实。

（1）人工采收。

优点：劳动力便宜，灵活性高，机械损伤少，人多速度快，便于调节控制。

缺点：缺少采收标准，工具原始，采收粗放，新上岗的工作人员需要培训。

具体采收方法应根据果蔬的种类而定。例如，柑橘、葡萄等果实的果柄与枝条不易分离，需要用采果剪采收。为了使柑橘果蒂不被拉伤，此类产品多用复剪法进行采收，即先将果实从树上剪下，再将果柄齐萼片剪平。苹果和梨成熟时，果梗与果枝间产生离层，采收时以手掌将果实向上一托，果实即可自然脱落。桃、杏等果实成熟后果肉特别柔软，容易造成伤害，所以人工采收时应剪平指甲或戴上手套，小心用手掌托住果实，左右轻轻摇动使其脱落。采收香蕉时，应先用刀切断假茎，紧护母株让其轻轻倒下，再按住蕉穗切断果轴。同一棵树上的果实，应按照由外向内、由下向上的顺序采收；成熟度不一致时，分批采收可提高产品品质。

人工采收时应注意以下几点：① 戴手套采收。② 选用适宜的采收工具：果剪、采收刀等。③ 用采收袋或采收蓝进行采收。④ 周转箱大小应适中，不能太大，否则容易造成底部产品的压伤。周转箱材料选择柳条箱、竹筐对产品伤害较重，木箱、防水纸箱和塑料周转箱对产品伤害较轻。⑤ 采收时间对采后处理、保鲜、储藏和运输影响都很大。一般最好在一天内温度较低的时间采收，因为此时产品的呼吸作用小，生理代谢缓慢，而且此时产品自身所带的田间热可以降到最小。

（2）机械采收。

机械采收适用于那些成熟时果梗与果枝间形成离层的果实，一般使用强风或强力振动机械，迫使果实从离层脱落，在树下铺垫柔软的帆布垫或传送带承接果实并将果实送至分级包装机内。

优点：采收效率高，节省劳动力，降低采收成本，可以改善工人的工作条件，减少因大量雇佣和管理工人所带来的一系列问题。

缺点：产品的损伤严重影响产品的质量、商品价值和耐储性。

机械采收方式适合采收用于加工的果蔬或能一次性采收且对机械损伤不敏感的产品，例如，美国使用机械采收番茄、樱桃、葡萄、苹果、柑橘、坚果类等。根茎类蔬菜使用大型犁耙等机械采收，可以大大提高采收效率。豌豆、甜玉米、马铃薯均可机械采收。采收前也常喷果实脱落剂，如萘乙酸等。采收后及时进行挑果等处理，可以将机械损伤的影响降到最低。

（三）采收时应注意的问题

（1）果蔬的采收时间应选择在晴天露水干后进行。不同种类采收时间有差异，例如，葡萄适宜在晴天上午晨露消失时进行采收，此时段有利于降低果实的膨压，减少果皮破裂，防止微生物侵染；抽蒜薹宜在中午进行，经太阳曝晒，蒜薹细胞膨压降低，质地柔软，抽拉时不易折断。阴雨连绵时采收对所有果实都不利。

（2）分期分批采收。同一植株上的果实由于花期或各自所处的光照和营养状况不同，成熟早晚有差异，蔬菜产品（如黄瓜、番茄、菜豆等）要分期分批采收。在进行果品采收时，应按照"先下后上，先外后内"的原则进行。

（3）采收人员应剪短指甲或戴上手套进行操作，轻拿轻放，保证产品的完整性。采后应避免日晒雨淋，及时分级、包装、预冷、运输或储运。

第二节　果蔬采后的商品化处理

果蔬产品的采后处理就是为保持和改进产品质量并使其从农产品转化为商品所采取的一系列措施的总称。果蔬产品的采后处理主要包括挑选、喷淋、预冷、愈伤、晾晒、熏蒸、涂蜡、分级、包装等。

一、挑选与整理

挑选与整理是采后处理的第一步，其目的是剔除有机械损伤、病虫危害、外观畸形等不符合商品要求的产品，以便改进产品的外观，改善商品形象，便于包装储运，有利于销售和食用。有的产品还需进行进一步修整，并去除不可食用的部分，如去根、去叶、去老化部分等。

二、喷　淋

喷淋的目的是除去果蔬表面的污物、农药残留及杀菌防腐。最简单的办法是用流水喷淋。去除污物常用 1% 稀盐酸加 1% 石油，浸洗 1～3 min，或用 0.2～0.5 g/L 的高锰酸钾溶液清洗 2～10 min。杀菌防腐多用 0.5 g/L 托布津或多菌灵。用 2 g/L 二苯胺洗果，可防治苹果虎皮病，用 1～5 g/L 氯化钙洗果可防治生理病害。

三、预　冷

预冷是将新鲜采收的产品在运输、储藏或加工以前迅速除去田间热，将其品温降低到适宜温度的过程。如果果蔬产品采收后堆积在一起，不进行预冷，便会很快发热，失水萎蔫，腐烂变质。

预冷是给果蔬产品创造良好温度环境的第一步，为了保持果蔬产品的新鲜度和延长储藏及货架寿命，从采收到预冷的时间间隔越短越好，最好是在产地立即进行。预冷的目的在于降低果蔬的呼吸强度，散发田间热，降低果蔬品温至适宜运输和储藏的低温状态，最大限度地保持其新鲜度、品质和耐储性；还可减少果蔬入储后制冷机械的能源消耗，缩小果蔬品温与库温的差别，防止结露现象的产生。一般要求产品温度预冷至 0～5 ℃。

预冷的方法主要有自然冷却、水冷、冰冷、强制冷却、真空冷却等。

（1）自然降温冷却。自然降温预冷是最简便易行的预冷方法。它是将采收后的产品放在阴凉通风的地方，让其自然散热。用这种方法使产品降温所需要的时间较长，而且难以达到产品所需要的预冷温度，但是在没有更好的预冷条件时，自然降温冷却也是一种可以应用的预冷方法。

（2）水冷却。水冷却是用冷水冲淋产品，或者将产品浸在冷水中，使产品降温的一种冷却方式。由于产品携带的田间热会使水温上升，所以冷却水的温度在不至于使产品受到伤害的情况下要尽量低一些，一般为 0～1 ℃。冷却水是循环使用的，常会有腐败微生物在其中累积，会使冷却产品受到污染，因此，水中要加一些化学药剂，如次氯酸盐等。

（3）冷库空气冷却。冷库空气冷却是一种简单的预冷方法，它是将产品放在冷库中降温的一种冷却方法。当冷库有足够的制冷量，空气的流速为 1～2 m/s 时，风冷却的效果最好。要注意堆码的垛间和包装箱间都应该留有适当的空隙，保证冷空气流通。这种方式适合于任何果蔬产品，但预冷时间较长，一般在 24 h 以上。其优点是产品预冷后可以不必搬运，原库储藏。

（4）强制通风冷却。强制通风冷却是在包装箱或垛的两个侧面造成空气压差而进行的冷却。其方法是在产品垛靠近冷却器的一侧竖立一块隔板，隔板下部安装一部风扇，产品垛的上部加覆盖物，覆盖物的一边与隔板密封，使冷空气不能从产品垛的上方通过，只能水平方向穿过垛间、箱间缝隙和包装箱上的通风孔，当风扇转动时，隔板内外形成压力差，当压差不同的冷空气经过货堆和包装箱时，产品散发的热量就被带走。强制通风冷却的效果较好，冷却所需要的时间只有普通冷库风冷却的 1/5 ~ 1/2。

（5）包装加冰冷却。包装加冰冷却是一种古老的方法，就是在装有产品的包装容器内加入细碎的冰块，一般采用顶端加冰。它适于那些与冰接触不会产生伤害的产品或需要在田间立即进行预冷的产品。

（6）真空冷却。真空冷却是将产品放在真空预冷机的气密真空罐内降压，使产品表面的水分在低压下蒸发，由于水在汽化蒸发过程中吸热而使产品冷却。真空冷却的效果在很大程度上受产品表面积的影响，那些表面积大的叶菜，如结球或散叶生菜、菠菜等，最适合真空冷却。用真空预冷方法，将纸箱包装的生菜由 21 ℃ 降到 2 ℃ 只需要 25 ~ 30 min。

这些预冷方法各有优缺点，在选择预冷方法时，必须综合考虑产品的种类、现有的设备、包装类型、成本等因素。各类预冷方法的特点见表 1.3。

表 1.3　几种预冷方法的优缺点比较

预冷方法		优　缺　点
空气冷却	自然对流冷却	操作简单易行，成本低廉，适用于大多数园艺产品，但冷却速度较慢，效果较差
	强制通风冷却	冷却速度稍快，但需要增加机械设备，园艺产品水分蒸发较大
水冷却	喷淋或浸泡	操作简单，成本较低，适用于表面积小的产品，但病菌容易通过水进行传播
碎冰冷却	碎冰直接与产品接触	冷却速度较快，但需冷库采冰或制冰机制冰。碎冰易使产品表面产生伤害，耐水性差的产品不宜使用
真空冷却	降温、减压，最低气压可达 613.28 Pa（4.6 mmHg）	冷却速度快，效率高，不受包装限制，但需要设备，成本高，局限于适用的品种，一般以经济价值较高的产品为宜

果蔬产品预冷时会受到多种因素的影响，为了达到预期效果，必须注意以下问题：

（1）预冷要及时，必须在产地采收后尽快进行预冷处理，故需建设降温冷却设施。一般在冷藏库中应设有预冷间，在果蔬产品适宜的储运温度下进行预冷。

（2）根据果蔬产品的形态结构选用适当的预冷方法，一般体积越小，冷却速度越快，且便于连续作业，冷却效果好。

（3）掌握适当的预冷温度和速度，为了提高冷却效果，要及时冷却和快速冷却。冷却的最终温度应在冷害温度以上，否则会造成冷害和冻害，尤其是对于不耐低温的热带、亚热带果蔬产品，即使在冰点以上也会造成产品的生理伤害。所以预冷温度以接近最适储藏温度为宜。

（4）预冷后处理要适当，果蔬产品预冷后要在适宜的储藏温度下及时进行储运，若仍在常温下进行储藏运输，不仅达不到预冷的目的，甚至会加速腐烂变质。

四、愈 伤

果蔬在采收过程中，难免会受到一些机械损伤，即使只是微小的不易察觉的伤口，也会招致病菌侵染引起腐烂。所以，马铃薯等在采收后储藏前进行愈伤是十分重要的。一般伤口愈合要求高温、高湿的条件，以利于破伤组织表皮周皮细胞的形成。例如，山药在 38 ℃、空气湿度为 95%～100% 的相对湿度下，处理 24 h，愈伤效果好；马铃薯采收后保持在 18.5 ℃ 以上 2 d，然后在 7.5～10 ℃ 和 90%～95% 的相对湿度下，保持 10～12 d，伤口易愈合。有的果蔬愈伤时，要求较低的相对湿度，如洋葱、大蒜，经过晾晒，外部鳞片干燥，可减少微生物侵染，鳞茎的颈部和盘部的伤易于愈合，有利于储藏。大多数果蔬产品愈伤的适宜条件为温度 25～30 ℃，相对湿度为 90%～95%。

五、熏 蒸

苹果、梨、枣、板栗的食心虫严重，用二硫化碳熏蒸，防治效果很好。用药量及熏蒸时间因温度而定，15～25 ℃ 时，每 1 000 m³ 用药 1.5 kg，熏蒸 24 h；10～15 ℃ 时，用药 2 kg，熏蒸 36 h。

六、涂膜打蜡

涂膜是在果蔬产品的表面涂一层薄膜，起到调节生理、保护组织、增加光亮和美化产品的作用。涂膜也可称打蜡。涂料的种类越来越多，已不完全限于蜡质，商业上应用的主要有石蜡、巴西棕榈蜡和虫胶等。也有一些涂料以蜡作为载体，加入一些化学物质，防止生理或病理病害，但在使用前要注意使用范围。果蔬产品上使用的涂料应该具有无毒、无味、无污染、无副作用、成本低、使用方便等特点。其目的在于：① 减少水分蒸腾、保持新鲜饱满；② 抑制气体交换，降低呼吸强度，减少营养消耗；③ 防止微生物浸染，减少果蔬腐烂；④ 增加果实光泽，美化外观，提高商品价值。涂料处理效果见表 1.4 和表 1.5。

表 1.4　海藻酸钠涂膜对苹果果肉硬度的影响

处理方法　储藏　天数	储藏天数				
	0	15	35	55	75
对照 CK	6.99 ± 1.15	6.99 ± 1.15	3.44 ± 0.62	2.11 ± 0.45	—
涂膜	6.99 ± 1.15	6.14 ± 0.85**	4.83 ± 0.80**	3.03 ± 0.48*	2.70 ± 0.34

注：*表示差异显著,**表示差异极显著显著水准：$t_{0.05} = 2.100\,9$,$t_{0.01} = 2.878\,4$,硬度单位 kg/cm^2。

表 1.5　紫胶涂料处理甜橙的保鲜保质作用

储藏温度和时间	处理	维生素 C（mg/kg）	有机酸（%）	可溶性糖（%）	乙醇/（mg/kg）	青蒂率（%）	品质
常温	对照	336	0.43	8.4	399	40.0	果肉软，味淡
120 d	处理	356	0.56	7.6	518	57.0	较硬，风味适中
3～5 ℃	对照	359	0.45	10.9	559	36.4	光泽差、风味一般
120 d	处理	934	0.52	9.3	595	47.6	光泽好、风味佳

涂膜的方法有浸涂法、刷涂法、喷涂法、泡沫法和雾化法。涂膜厚薄要均匀，过厚会导致果实无氧呼吸、异味和腐烂变质。新型的喷蜡机大多由洗果、擦吸干燥、喷蜡、低温干燥、分级和包装等几部分组成，能够连续作业。涂料处理注意事项：涂膜应均匀；涂料应安全、卫生；涂料来源容易，成本较低；只能在短期储藏及上市前使用。

七、催　熟

果蔬产品在集中采收时，成熟度往往不一致，还有一些产品为了方便运输，在坚硬的绿熟期采收。为了促使产品在上市前成熟度达到一致所采用的措施叫做催熟。要催熟的产品必须是采后能够完成后熟的，而且要达到生理成熟阶段（即离开植株后能够完成后熟的生长阶段）。不同的果蔬产品催熟时有不同的最佳温度要求，一般以 21～25 ℃为宜。催熟环境应该具有良好的气密性，催熟剂应有一定的浓度，但实际使用浓度往往要比理论值高，因为催熟环境的气密性常常达不到要求。此外，催熟室内的二氧化碳浓度过高会影响催熟效果，因此催熟室要定期通风。有条件的地方，最好用气流法通入乙烯，以保证催熟室内有足够的氧气。

八、脱　涩

有些果实在完熟以前因有强烈的涩味而不能食用，例如，柿子细胞破碎会流出可溶性单宁，与口舌上的蛋白质结合会产生涩味，设法将可溶性单宁物质变为不溶性的单宁物质，就可避免涩味产生。当涩果进行无氧呼吸时，可形成一种能与可溶性单宁发生缩合的中间产物，如乙醛、丙酮等，一旦它们与可溶性单宁缩合，涩味即可除去。

根据上述原理，可以采取下列方法造成果实无氧呼吸，使单宁物质变性脱涩：将柿子浸泡在 40 ℃的温水中 20 h 左右或浸入 7%的石灰水中，经过 3～5 d 即可脱涩。当前比较大规模的柿子脱涩方法是用高二氧化碳处理（60%以上），在 25～30 ℃条件下 1～3 d 就可脱涩。

九、果蔬分级

（一）分级的目的

分级是按照一定的品质标准和大小规格将果蔬产品分为若干个等级的措施，是产品标准化和商品化过程中必不可少的步骤。

分级的目的在于使产品在品质、色泽、大小、成熟度、清洁度等方面基本达到一致，便于运输和储藏中的管理，有利于减少损失。等级标准能给生产者、收购者和流通渠道中的各环节提供贸易语言，为优质优价提供依据，有利于引导市场价格及提供市场信息，有助于解决买方和卖方赔偿损失的要求和争论。在挑选和分级过程中还可剔除残次品及时加工处理，减少浪费，降低成本。

（二）分级标准

果蔬产品的分级主要是根据品质和大小来进行的，具体的分级标准又因果蔬产品的种类和品种不同而异。

品质等级一般是根据产品的形状、色泽、损伤及有无病虫害状况等分为特等、一等和二等。大小等级则是根据产品的重量、直径、长度等分为特大、大、中和小（常用英文代号 XL、L、M 和 S 表示）。

果品分级一般是在果形、新鲜度、颜色、品质、病虫害和机械损伤等方面符合要求的基础上，再进行大小分级。果实比较大的种类一般分三至四级，例如，苹果果实横径最大处直径为 65 mm 为一级；>60 mm 为二级；>55 mm 为三级。小型而柔软的果实，一般分为两级，葡萄的分级是以果穗为单位的。

蔬菜由于供食用的器官不同，成熟标准不一致，所以没有固定的统一规格。一般根据坚实度、清洁度、大小、质量、颜色、形状、成熟度、新鲜、病虫害和机械损伤等，按照各种蔬菜的品质要求订出具体的品质标准。一般分为三级，即特级、一级和二级。

（三）分级方法

果蔬产品的分级方法有人工分级和机械分级两种。

（1）人工分级。主要是通过目测或借助分机板，按产品的颜色、大小将产品分为若干级。一些形状不规则或容易受伤的产品多用手工分级，如叶菜类蔬菜、草莓和蘑菇等。人工分级时首先应该熟悉分级标准，可以用分级板、比色卡等作为分级的参照物。人工分级的效率较低，误差也较大，但能够最大限度地减轻果蔬产品的机械损伤。

（2）机械分级。最大的优点是工作效率高，适用于那些不易受伤的果蔬产品。机械分级常与挑选、洗涤、干燥、打蜡和装箱一起进行。由于产品的形状、大小和质地差异很大，难以实现全部过程的自动化，故一般采用人工与机械结合进行分选。目前应用较多的是形状（大小）和重量分选机，近年来还开发了颜色分选机。

十、果蔬包装

（一）包装的目的

合理的包装可减少或避免产品在运输、装卸中受到机械损伤，防止产品受到尘土和微生物等的污染，防止产品腐烂和水分损失，缓冲外界温度剧烈变化引起的产品损失。包装可以使果蔬在流通中保持良好的稳定性，美化商品，宣传商品，提高商品价值及卫生质量。

（二）包装材料的选择

（1）具有足够的机械强度，以保护产品，避免产品在运输、装卸和堆码过程中受到机械损伤。

（2）适应储运和销售需要的重量、尺寸、形状。

（3）具有防潮性能，以防止包装材料吸水变形而造成机械强度降低，导致产品受伤而腐烂。

（4）具有一定的通透性，利于产品在储运过程中散热和气体交换。

（5）便于操作，可循环使用。

（6）不含对果蔬和人体有害的化学物质。

（7）包装成本尽可能低等。

选择包装材料时，要根据果蔬产品对物理损伤的承受能力和易受物理损伤的程度、失水的难易程度、细菌感染和聚热、流通环节过程、销售成本等因素，选择出能给果蔬提供最大保护并能为市场所接受的包装。

（三）包装方法

要求果蔬在包装容器内有一定的排列形式。如先在箱底平放一层垫板，加上格套，把用纸包好的果实放入格套内，每格一果，放好一层后再放垫板、格套；继续装果至满；最后再垫板一块，封盖、黏严、捆好。在箱外用不易脱落的颜料写明品种、个数、发货单位等。包装应在冷凉的条件下进行，避免风吹、日晒和雨淋。

包装时应轻拿轻放，装量要适度，防止过满或过少而造成损伤。不耐压的果蔬包装时，包装容器内应填加衬垫物，减少产品的摩擦和碰撞。易失水的产品应在包装容器内加衬塑料薄膜等。

第三节　果蔬商品化运输

运输是果蔬储运、流通过程中的一个重要环节，果蔬对运输方式要求很高。要保证果蔬少受损失，运输道路应当平稳，运送时间要短，运输环境条件要适宜。在果蔬运输过程中，外界条件对果蔬质量影响很大，极易造成物理损伤、聚热、失水等，影响果蔬的商品质量与耐储性，造成果蔬在运输中的损失。改善果蔬运输作业环境，提高果蔬运输管理水平，改进果蔬运输技术设备，是减少果蔬运输损失的主要措施。

一、果蔬运输的要求

（一）快装快运

果蔬产品采后是活体，仍然在进行新陈代谢，不断消耗体内的营养物质并散发热量，必须快装快运，保持其品质及新鲜程度。

（二）轻装轻卸

果蔬产品的含水量高，表面保护组织差，很容易受到机械损伤，具有易腐性，从生产到销售要经过多级集聚和分配，一定要轻装轻卸。

（三）防热防冻

温度过高，呼吸强度增高，产品衰老加快。温度过低，产品容易受到冷害和冻害，应注意防热防冻。

二、运输的方式

（一）公路运输

（1）运输工具。

① 货车运输。大量果蔬的公路运输是由普通货车和厢式货车承担的。优点是装载量大，费用低，但运输质量不高，损耗大。

② 冷藏汽车运输。保温汽车，有隔热车体但无任何冷却设备；非机械冷藏车，用冰等作冷源；机械制冷汽车，车厢隔热良好，并装有控温设备，能维持车内低温条件。可用来中、长途运输新鲜果蔬。

③ 平板冷藏拖车。这种拖车是一节单独的隔热拖车车厢，移动方便灵活，可在高速公路上运输，也可拖运到铁路站台，安放在平板火车上，运到销地火车站后，再用汽车牵引到批发市场或销售点。整个运输过程中减少了搬运装卸次数，从而可避免损伤，经历温度变化小，对保持产品质量，提高效益有利，适应高速公路运输新鲜果蔬。

（2）公路运输技术要点。

① 严格做好产品包装工作。果蔬运输上车前要打好包装，严禁散装堆放。无论何种果蔬的包装，均要装紧、装实，以免运输途中相互摩擦，即使浆果也要如此。

② 装车时要合理堆码。装车时包装箱之间的堆码不能压伤下层产品，箱

间既要留足缝隙，又不能途中倒塌，最佳方式是品字形堆垛。

③ 运输中要做好果蔬质量控制工作。果蔬运输中要注意防雨淋、防止直晒、防冻，还要做好通风工作，不平路面要减速行驶。

（二）铁路运输

（1）运输工具。

① 普通棚敞车。这种车辆的温湿度通过通风、草帘棉毯覆盖、炉火加温、夹冰降温等措施调节，难以达到适宜的运输温度，虽然运费低，但损耗高达 40% ~ 70%，运输风险也大。

② 加冰冷藏车。通称冰保车，在运输中靠冰融化吸收车厢中果蔬的热量。始运前须向车顶或车端冰箱加冰，并加入一定比例的食盐，以获得较低温度。冰保车在运输途中要补加冰，铁路沿线每 350 ~ 600 km 设有加冰站。现有 B_{11} 型、B_8 型和 B_6 型三种加冰冷藏车。

③ 机械冷藏车。通称机保车，比加冰车先进，冷却效果好，操作管理自动化。不足的是一旦制冷机停运，车内温度回升快，温度稳定性不如冰保车。使用机械制冷的铁路运输车辆有：B_{16} 型、B_{17} 型、B_{18} 型、B_{19} 型、B_{20} 型和 B_{21} 型。

④ 冷冻板冷藏车。通称冷板车，是一种低共晶溶液制冷的新型冷藏车。冷板安装在车棚下，并装有温度调节装置，冷板充冷是通过地面充冷站进行的，一次充冷时间为 12 h，制冷时间可维持 120 ~ 140 h。其优点是耗能少、成本低、效益好；缺点是需靠地面充冷站提供冷源，使用范围局限在大干线上。

（2）铁路运输技术要点。

① 包装、码垛与公路运输相同。

② 装卸。装卸时要轻拿轻放，野蛮装卸会严重损伤果蔬质量，所以装卸车时要特别注意轻拿轻放。

③ 搭建风道。尤其是普通棚敞车，在装车时要注意搭建风道，不然，在 3 ~ 5 d 的运程中，高温季节容易造成大量腐烂。

④ 重视冷藏保温车的管理。冷藏保温车能很好地抵御外界热干扰，但对高温保鲜的果蔬要防止冷害；采用冰保车与机保车运输的果蔬要预冷；冰保车与机保车运输的果蔬到站后，要快卸快运，注重保温。高温季节不能马上入库的果蔬应加盖棉苫，以免重结露。

⑤ 防腐保鲜处理。火车运输条件相对稳定，对于大多数果蔬均有机会进行防腐保鲜处理。最佳方式是采用熏蒸、烟熏法，简便实用，常用仲丁胺液剂和 TBZ 烟剂。

（三）其他运输方式

（1）船舶水路运输。

水路运输包括内河船舶运输和近海轮船、远洋轮船运输。船舶水路运输装载量大，运输平稳，损伤少，费用也低，但速度较慢。远洋轮运果蔬应采用冷藏集装箱，否则，腐烂会十分严重。

（2）飞机空运。

空运适合国内或国际远距离、快速运输。其抢占市场灵活，保鲜效果明显，适宜高档果蔬，尤其是极易腐烂的荔枝、芒果、芦笋、香椿、松蘑等，运输质量变化很小。虽运费高，但速度快，损失小，发展很快。

（3）集装箱运输。

① 冷藏集装箱。有隔热层和制冷装置及加温装置，可调控果蔬运输所需的温度条件。一般冷藏集装箱主要分为 6.1 m（20 尺）和 12.2 m（40 尺）两种，分别载重 20 t 和 40 t。从产地装载上产品，封箱，设定运输温度条件，可利用汽车、火车、轮船等多种运输方式，机械装卸，快速、安全、稳定，可"门对门"服务，运输质量高。

② 气调集装箱。是冷藏集装箱的改进型。在箱体内加设气密层，可调节厢内低氧和高二氧化碳气体状况，并可进行内部气体循环，达到对运输中的果蔬气调冷藏的效果。比单纯冷藏运输的产品更加新鲜。

（4）低温冷链运输。

目前在发达国家已建立起以低温冷藏为中心的冷藏系统，能使果蔬采后损失<5%。这种果蔬采后的流通、储藏、销售中连贯的低温冷藏技术体系称为冷链保藏运输系统。低温冷链运输依据果蔬采后的生理特点，选择最佳安全低温运输温度。

第二部分　果蔬储藏

　　果蔬是人们日常生活中不可缺少的食品之一，它含有丰富的碳水化合物、有机酸、维生素及矿物质，是人类重要的营养源。果品蔬菜是世界上需求量仅次于粮食的农产品。据《国际商报》报道，经过多年的发展，我国已成为世界上最大的果蔬产品生产国，栽培历史悠久，种质资源丰富，是世界上多种果蔬的发源地，堪称"世界园林之母"。但是果蔬生产的较强的季节性、区域性以及水果本身的易腐性，这些都与消费者对果蔬需求的多样性及淡季调节的迫切性相矛盾，因而果蔬储藏保鲜的问题日趋突出。果蔬储藏保鲜是农业生产的延续，保持果蔬质量和鲜度是人们追求的重要目标之一，是在果蔬储藏、运输、流通中必须解决的问题。

　　目前，我国果品储藏能力仅为 1 700 万吨左右，约为总产量的 31.18%，其中冷藏能力为 1 000 万吨左右，约为总产量的 18.34%，而发达国家的果蔬储藏能力一般达到商品量的 70% ~ 80%。同时，据统计，发达国家蔬菜水果产品损失率不到 5%，而我国由于果蔬生产的采收不当，采后商品化处理技术落后，储藏条件不当等原因造成的腐烂损失率占总产量的 25% ~ 30%。如果运用正确的保鲜技术使产品储藏损失率降低一半，每年即可减少 500 多万吨水果和 3 000 多万吨蔬菜的损失，因此，储藏设施的配套问题必须引起高度重视。

　　目前在国内外广泛应用的储藏方式可以归纳为两类：一类是低温储藏，即利用自然低温或人工降温（机械制冷或加冰）的方法，在低温时进行储藏；另一类是控制气体成分储藏（简称气调储藏），这种储藏方式多是在低温条件下，调节储藏场所中的气体成分，使之达到适于果蔬储藏的气体指标，从而得到更好的储藏效果。随着果蔬储藏技术和一些处理方法的不断改革和创新，除采用以上方式进行储藏外，目前国内外对辐射处理、电磁场处理以及减压储藏等方面的研究也较为重视，为果蔬储藏开辟了新的研究途径。

　　本部分主要就我国常见的简易储藏、机械冷藏和气调储藏的原理、方式及管理要点做简单介绍。

任务一　简易储藏

简易储藏指果蔬传统的储藏手段，是为调节果蔬供应期而采用的一类较小规模的储藏方式，主要包括堆藏、沟藏（埋藏）、窖藏和通风库储藏几种基本形式以及由此衍生出来的冻藏、假植储藏等。简易储藏的特点是利用当地自然低气温来维持所需的储藏温度，其设施简单，所需材料少、费用低。这类储藏方式是我国劳动人民在长期生产实践中积累和发展起来的，各地都有一些适合本地区气候特点的典型方法，是目前我国农村及家庭普遍采用的储藏方式。

第一节　堆　藏

一、堆藏的方法

堆藏是将果蔬直接堆放在田间和果园地面或空地上的临时性储藏方法。堆藏还可以作为一种预储方法。堆藏时，一般将果蔬直接堆放在地面上或浅沟（坑）中，根据气温变化，分次加厚覆盖，以进行遮阴或防寒保温。所用覆盖物多就地取材，常用覆盖材料有苇席、草帘、作物秸秆、土等。

二、堆藏的特点

堆藏使用方便，成本低，覆盖物可以因地制宜，就地取材；但是由于堆藏是在地面以上直接堆积，受外界气候影响较大，秋季容易降温而冬季保温却比较困难，所以储藏的效果很大程度上取决于堆藏后对覆盖的管理，即根据气候的变化及时调整覆盖的时间、厚度等。因此，堆藏不宜在气温高的地区应用，一般只在秋冬之际作短期储藏时采用。储藏堆的宽度和高度应根据当地气候特点、果蔬种类来决定。

三、堆藏法管理技术

（一）严格挑选产品

适期入储堆藏的产品一经入储，就不便挑选，如果有病害，损伤、腐烂的产品混在一起，就会相互感染，加重损失，因此，入储前必须严格挑选产品，凡是有病害、损伤、腐烂的都应当挑出，不能进行堆藏。此外，品种不同或成熟度不一致的产品也最好分别堆藏。

适期入储是堆藏需要注意的重要环节，入储过早，气温和土温尚高，产品堆在一起，难以降温，容易腐败变质；入储过晚，产品容易在田间受冻。具体入储期应该根据气候情况和产品对温度的要求来决定。果菜类和其他喜温性蔬菜一般应在霜前收获入储，叶球类和根菜类可在田间经受几次轻霜，延迟到上冻前收获。如果产品已经收获入储，但气温尚高，可将采收的产品放在阴凉处稍加覆盖，预储一段时间，待气温下降后再入储。

（二）堆藏的管理

堆藏主要是通过覆盖和通风来调节气温和土温的影响，以维持储藏产品所要求的温度和其他环境条件。覆盖的目的在于保温，蓄积产品的呼吸热，使其不能迅速逸散；通风的目的则正好相反，主要在于降温，即加强气温的影响，减小土温的影响，驱散呼吸热，阻止温度上升。应该将两者结合起来，适应气温和土温的变化。入储初期，产品体温高，呼吸作用旺盛，堆内温度一般都高于储藏适温，管理上应以通风为主；但产品仍要求有适当的覆盖，以防储温剧烈波动，也可以防止风吹雨淋，此时的覆盖不能太厚以防影响降温；随着气温的不断变冷，再分次增加覆盖，以保温为主。

堆藏的常用物是禾秸类，因其隔热性好。但覆盖时必须压紧，空隙间的空气不流动，才能很好地起隔热保温作用。如果松散堆置，就容易透入外界的冷空气，保温性能大大降低。所以在用禾秸类覆盖后，上面要再用土压紧，全部用土覆盖时，也应压紧踩实，出现裂缝要及时填补。堆藏的断面一般呈三角形，即堆边缘的厚度小，堆中间的厚度大。边缘的温度低，中央的温度高，所以堆藏覆盖层应该是边缘较厚，而中央较薄，并且边缘的覆盖层还要向外扩延一定距离。

在生产实践上，较宽的堆常需设置底部通风道，因为宽度增大，产品的储藏量增多，聚集的呼吸热也增多，如不借助通风设施加强通风散热，堆内温度必然增高，导致产品腐烂。储藏初期可将进出气口全部敞开，以增大通风量，随着气温下降逐渐缩小通风口，最后完全堵塞。

（三）风障和荫障

堆藏的北侧有时可设置风障，阻挡冷风吹袭，有利于保温。有的堆藏在堆的南侧设置荫障，遮蔽阳光直射，有利于降温和保持低温。荫障主要是在入储初期设置，在严冬时可拆除或移到北面改为风障。风障和荫障应有一定的高度，以便堆藏在其遮挡范围之内，同时也应有一定的紧密度和厚度，才能起到遮挡作用。

四、案例——生姜堆藏法

目前采用的堆藏姜的方式主要有包装堆藏、封闭堆藏等方法。

（一）包装堆藏

首先对待储姜进行严格挑选，剔除受冻、受伤、小块和干瘪有病的姜块，然后将姜装筐（篓），采用骑马形分柱堆放。堆柱高度达到 3 只筐（篓）高即可。储藏期间，经过高温季节，姜块容易出芽（芽可供食用），一般可采用分批剥芽、陆续供应的办法。

（二）封闭堆藏

一般在立冬前进行。堆藏前，要进行严格挑选，剔除病变、受伤、雨淋的姜块，留下质量好的散堆在仓库内，用草包或草帘遮盖好，以防冻坏。堆藏仓间不宜过大，一般每仓以散装堆放 10 t 左右为宜。姜堆高 2 m 左右，堆内均匀地放入若干个用芦柴扎成的通气筒，以利通气。堆藏时，墙四角不要留空隙，中间可稍松些。仓库温度一般控制在 18 ~ 20 ℃。当气温下降时，可增加覆盖物保温；如果气温过高时，可减少覆盖物散热降温。

第二节　沟（埋）藏

一、结构和特点

（一）结　构

沟（埋）藏沟为长方形，方向应根据当地气候条件而定，在寒冷地区，为减少严冬寒风的直接袭击，采用南北长为宜；在较温暖地区，为了增大迎风面，加强储藏初期和后期的降温作用，采用东西长为宜。沟的长度应根据储量而定。沟的深度一般在 0.8 ~ 1.8 m 为宜。寒冷地区宜深些，过浅果蔬易受冻；温暖地区宜浅些，防止果蔬伤热腐烂。沟的宽度一般以 1.0~1.5 m 为宜，它能改变气温和土温作用面积的比例，对储藏效果影响很大。加大宽度，果蔬储藏的容量增加，散热面积相对减少。

（二）特　点

沟（埋）藏使用时可就地取材，成本低，并且充分利用土壤的保温、保湿性能，使储藏环境有一个较恒定的温度和相对稳定的湿度。

二、沟藏（埋藏）管理技术

将采收后的果蔬进行预储降温，除去果蔬的田间热，降低呼吸热。按要求挖好储藏沟，在沟底平铺一层洁净的干草或细沙，将经过严格挑选的产品小心地分层放入，也可整箱整筐放入。对于容积较大较宽的储藏沟，在沟内每隔 1.2~1.5 m 插一捆秸秆作物，或在沟底设置通风道，以利于通风散热。随着外界气温的降低需逐步进行覆土。为观察沟内的温度变化，可用竹筒插一只温度计，随时掌握沟内的情况。最后沿储藏沟的两侧设置排水沟，以防外界雨、雪水的渗入。

三、案例——萝卜、胡萝卜的沟藏

（一）储藏特性

萝卜、胡萝卜喜欢冷凉湿润的气候环境，比较耐储藏和运输。萝卜、胡萝卜没有明显的生理休眠期，遇到适宜的条件便萌芽抽薹，所以在储藏中容易糠心、萌芽。储藏温度过高、空气干燥、水分蒸发加强，都会造成萝卜、胡萝卜糠心。

（二）储藏条件

萝卜、胡萝卜适宜的储藏温度为 0~3 ℃，空气相对湿度 90%~95%。

（三）沟（埋）藏方法

选择地势平坦干燥、土质较黏重、排水良好、地下水位较低、交通便利的地方挖储藏沟，将经过挑选的萝卜、胡萝卜堆放在沟内，最好与湿沙层积。直根在沟内的堆积厚度一般不超过 0.5 m，以免底层产品热伤。在产品面上覆一层土，以后随气温下降分次覆土，最后与地面齐平。一周后浇水一次，浇水前应先将覆土平整踩实，浇水后使水均匀缓慢地下渗。

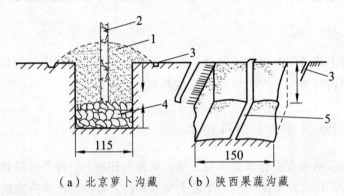

（a）北京萝卜沟藏　　（b）陕西果蔬沟藏

图 2.1　果蔬沟藏（单位：cm）

1—覆土；2—通风塔；3—排水沟；4—产品；5—通风沟

第三节　窖　藏

一、窖藏的方法

窖藏也是利用地下温度、湿度受外界气温环境影响较小的原理，创造一个温湿度都比较稳定的储藏保鲜环境。但窖藏比埋藏具有更好的储藏效果，它可以配备一定的通风设施，管理人员可以进出，储、取方便。

窖藏在我国有悠久的历史，也是目前我国果蔬产地广泛采用的一种储藏方式。储藏窖的类型多种多样，应用较多的有棚窖、井窖、窑窖等几种形式。

二、窖的形式与结构

（一）棚　窖

棚窖是一种临时性储藏场所，在我国北方地区广泛采用，主要用于苹果、梨、大白菜、萝卜等较耐储藏的果蔬，也可作为其他果蔬的预储场所。棚窖有地下式、半地下式和地上式三种类型。窖址应选择在地势高燥，地下水位低，空气流畅的地方，窖的方向通常以东西长为宜。

　　较温暖的地区或地下水位较高处，多采用半地下式，一般入土 1.0~1.5 m，地上筑墙 1.0~1.5 m，也可用土堆墙，为加强窖内通风换气，可在墙两侧靠近地面处，每隔 2~3 m 设一通风孔，并在顶部设置天窗，天冷时将气孔堵住，如图 2.2（a）所示。

　　地下式棚窖的窖身入土 2.5~3.0 m，窖顶露出地面，如图 2.2（b）所示。由于其有较好的保温性，在寒冷地区被广泛采用。

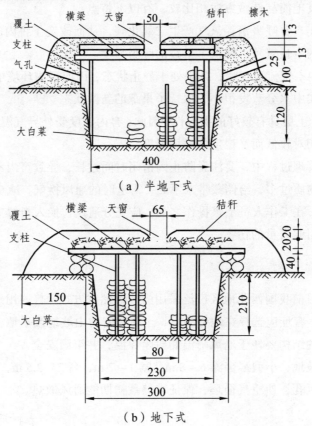

（a）半地下式

（b）地下式

图 2.2　棚窖示意图（单位：cm）

　　棚窖一般宽度为 2.5~3.0 m 或 4.0~6.0 m，窖的长度不限，视储量而定，为便于操作管理，以 20~50 m 为宜。窖内设立柱，顶上用木料设横梁，上面铺秸秆，再盖覆土。窖内开若干天窗，供管理人员出入或通风换气用。天窗的数量和大小根据当地气候和储藏果蔬的种类而定。大型棚窖常在一侧或两端开设窖门，以便果蔬产品下窖，并加强储藏初期的降温作用，天冷时堵死。

（二）井　窖

井窖是一种封闭式深入地下的土窖，可以建造在室内，也可以建造在室外。建造时，先由地面垂直向下挖一井筒，达一定深度（2~3 m）后，再向周围扩展窖身，也可以向周围挖若干个窖洞，井口用土、石板或水泥板封盖，四周设排水沟，以防积水。

井窖和其他简易储藏方法相比较，有以下特点：

（1）果实自身呼吸消耗氧气产生二氧化碳，从而改变了窖内的气体成分，抑制了病菌的生长繁殖，降低了果蔬的呼吸强度。

（2）窖内空气流速很慢，几乎处于静止状态，因而窖内环境中空气湿度大而稳定，果实中水分蒸发很小，保持了果蔬的新鲜状态。

（3）由于土壤具有较好的保温性，因此，窖内温度受外界气温变化影响小，能维持一个相对较低而又稳定的环境温度。

井窖在管理过程中，要注意防止因密闭时间过长，导致窖内乙醇、二氧化碳、乙烯等物质过多，给储藏带来不利，需适时的通风换气，减少有害物质的积累。另外，在工作人员下窖操作之前，应充分通风，换入新鲜空气，防止二氧化碳过多引起人员的伤害。

（三）窑　窖

窑窖是目前我国西北地区广泛采用的一种储藏方式。普遍用于苹果、梨等果蔬的储藏。窖址应选择在地势高燥，土质紧密的山坡地或平地。窖形根据地形而定，窖的结构要便于通风降温和封闭保温，并牢固安全。

一般山坡地，小型窑窖深 6~8 m，宽 1~2 m，高 2~2.5 m，窖顶呈拱形，窖顶设一通风孔，使空气循环，保证在储藏初期能通风散热。

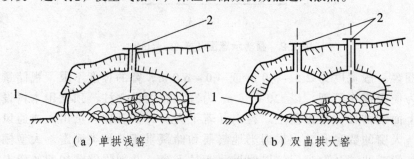

（a）单拱浅窑　　　　　　　　（b）双曲拱大窑

图 2.3　窖窑示意图

1—窑门；2—通气孔

三、窖藏管理技术

（一）清扫、消毒

在果蔬入窖前，要彻底进行清扫并消毒，消毒的方法可用硫黄熏蒸（10 g/m³），也可用 1%的甲醛溶液喷洒，密封两天通风换气后使用。储藏所用的篓、筐等，使用前用 0.05%～0.5%漂白粉溶液浸泡 0.5 h，然后用毛刷刷洗干净，晾干后再使用。

（二）入　窖

果蔬产品经挑选预冷后即可入窖储藏，在窖内堆码时，果蔬与窖壁、果蔬与果蔬、果蔬与窖顶之间要留有一定间隙，以便翻动果蔬和增加空气流动。

（三）温度的管理

整个储藏期分为三个管理阶段。入窖初期，要在夜间打开全部通气孔，引入冷空气，达到迅速降温的目的。储藏中期，主要是保温防冻，关闭窖口和通气口。储藏后期严冬已过，这时应选择在温度较低的早晚进行通风换气。随时检查产品，如果发现腐烂果蔬，应该及时除去，以防交叉感染。果蔬全部出窖后，应立即将窖内打扫干净，同时封闭窖门和通风孔，以便秋季重新使用时，窖内保持较低的温度。

四、案例——井窖储藏生姜

（一）储藏特点

姜区农民多选择地下水位较低的地方，采用井窖的方法储藏生姜。生姜入井后，可储藏 1～2 年，储藏质量很好。一般选择地下水位 10 m 以下，土质粘紧的地方挖井窖。

（二）井窖的修建

如图 2.4 所示，井窖由井筒和储藏洞两部分组成。井筒一般深 6～7 m，两边井窖深度在 8～9.5 m。井筒越深，窖内的温度与湿度越稳定，储藏的时间也越长。井筒上口直径 80 cm，下口直径 100～120 cm。在挖井筒时，需在两侧挖好脚蹬，以便上、下井进行管理。井筒挖好之后，在井底再挖两三个储藏洞。洞口的高度与宽度各 80 cm。洞口里面，随挖随向两侧和上方、下方扩大，使储藏洞高 1.5 ~ 1.8 m，洞宽 1.4 ~ 1.6 m。储藏的长度，按储藏量的多少灵活确定，一般 2.5 ~ 3.0 m。每个储藏洞的容积为 5.25 ~ 8.64 m³，可储藏鲜姜 1 500 ~ 2 500 kg。储藏井窖挖好后，还需用砖石、水泥砌建井口，使井口高出地面 40 ~ 50 cm。

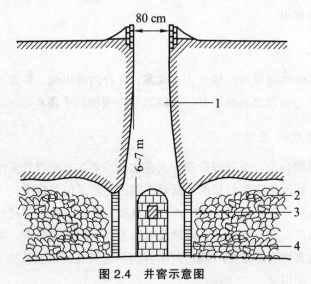

图 2.4　井窖示意图

1—井筒；2—产品；3—储藏洞；4—砖墙

（三）生姜储藏管理

生姜入窖前应彻底清扫储姜洞及井底，亦可提前对井窖进行杀菌灭虫处理，然后在洞底铺 5 ~ 6 cm 厚的湿沙。初霜前生姜收获后，随即将带着潮湿泥土的姜块一层层放入洞内，由里及外排至洞口，可竖放亦可平放，排放高度以距洞顶 30 cm 左右为宜。

生姜入窖之后，放置 10 ~ 15 d，暂不封口，只用席子或草苫稍加遮盖井口即可。至 20 ~ 25 d 后，姜块呼吸作用减弱，CO_2 含量基本平衡。经过通风换气后，人便可下窖封洞口了。所谓封洞口，即用砖或土坯将储姜洞口垒起来，但需留 1 个 20 ~ 30 cm 见方的小窗，以利于通气。随气温下降，应封井口。封井口的时间北方多在 11 月下旬（小雪前后），南方则在 12 月上旬。封井口时，可用大石板将井口盖住，其上用土掩埋。若天气寒冷或井窖较浅，可适当提早封井口。

第四节　通风库储藏

一、结构和特点

通风储藏库多建成长方形或长条形，为了便于管理，库容量不宜过大，目前我国各地发展的通风储藏库，通常跨度 5～12 m，长 30～50 m，库内高度一般为 3.5～4.5 m。库顶有拱形顶、平顶、脊形顶。

如果要建一个大型的储藏库，可分建若干个库组成一个库群。北方寒冷地区大多将库房分为两排，中间设中央走廊，宽度为 6～8m，库房的方向与走廊垂直，库门开向走廊。走廊的顶盖上设有气窗，两端设双重门，以减少冬季寒风对库的影响。温暖地区的库群以单设库门为好，以便利用库门通风换气。通风系统和隔热结构是建造通风库的核心技术。通风系统包括进气孔和排气筒。进气孔一般设置在库的下部或基部并安装在主风方向的方位上；排气筒一般设置在库房上部或库顶并伸出库顶 1 m 以上，如图 2.6、图 2.6 所示。

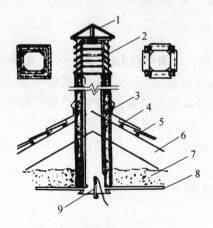

图 2.5　通风储藏排气筒的结构

1—防风罩；2—百叶窗；3—保温通风筒；4—机瓦；
5—排瓦条；6—屋架；7—保温隔热层；
8—顶棚；9—通风调节闸板

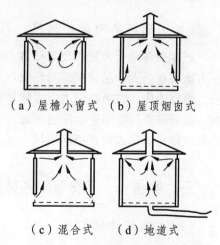

（a）屋檐小窗式　（b）屋顶烟囱式

（c）混合式　　（d）地道式

图 2.6　通风储藏库的通风结构

通风库的库墙的建造一般采用夹层墙，即在两层砖墙之间填加刨木花、炉渣等隔热材料，也可在库墙内侧贴软木板、聚氨酯泡沫塑料等高效隔热材料。

二、通风库的管理

（一）消　毒

每次清库后，要彻底清扫库房，一切可移动或撤卸的设备、用具都搬到库外进行日光消毒。

（二）产品的入库和码垛

各种果蔬最好先包装，再在库内堆成垛，垛四周要漏空，可以通气或放在储藏架上。

（三）温、湿度管理

秋季产品入库之前应充分利用夜间冷空气，尽可能降低库体温度。入储初期，以迅速降温为主，应将全部的通风口和门窗打开，必要时还可以用鼓风机辅助。实践证明，在排气口装风机将库内空气抽出比在进气口装吹风机向库内吹风要好。随着气温的下降逐渐缩小通风口的开放面积，或缩短放风时间到最冷的季节关闭全部进气口，使排气筒兼进、排气作用。

（四）通风库的周年利用

近年来各地大力发展夏菜储藏，通风库可以周年利用。使用上要注意两点：一方面要在前批产品清库后与后批产品入库前的空档，抓紧时间做好库房的清扫、维修工作，如果必须消毒或除异味，可以施用臭氧，闷闭两小时，福尔马林、硫黄熏蒸只能用于空库的消毒；另一方面要做好夏季的通风管理，在高温季节应停止通风或仅在夜间通风。

三、案例——马铃薯的通风库储藏

（一）储藏特性

马铃薯的食用部分为地下块茎，收获后一般有 2~4 个月的生理休眠期，长短因品种不同而异。

（二）储藏条件

鲜食马铃薯的适宜储藏温度为 3~5 ℃，但用作煎薯片或炸薯条的马铃薯，适宜储藏温度为 10~13 ℃。储藏的空气相对湿度为 80%~85%，湿度过高易增加腐烂，过低易失水皱缩。同时，应避光储藏，因为光会促使马铃薯发芽，增加茄碱苷含量。

（三）通风库储藏方法

入库堆码时，要注意高不超过 1~1.5 m，堆内设置通风筒，薯堆周围要留有一定空隙以利通风散热。

第五节　其他简易储藏方法

一、冰冻储藏

（一）冻藏的含义

冻藏是在入冬上冻时将收获的蔬菜放在背阴处的浅沟内，稍加覆盖。利用自然低温使入沟的蔬菜迅速冻结，并且在整个储藏期间保持冻结状态。由于储藏温度在 0 ℃ 以下，可以有效地抑制蔬菜的新陈代谢和微生物活动，使蔬菜保持生机。食用前经过缓慢解冻，仍然能恢复蔬菜的新鲜状态，保持良好的品质。冻藏主要应用于耐寒耐冻性较强的菠菜、芫荽、小白菜、芹菜等绿叶菜，如山东潍坊的冻藏芹菜，辽宁的冻藏菠菜等。北京、天津一带只有菠菜和芫荽才用冻藏方法作较长期储藏。

（二）冻藏方法

准备用于冻藏的菠菜或芫荽（等耐寒性较高的蔬菜），在冬季气温降到接近 0 ℃ 时收获，先囤积置在背阴处使之继续冷却，几天之后移入深度为 20 cm 左右的浅沟内，菠菜可捆成小捆立在沟中，芫荽可以平放，上覆盖一层薄土。随着气温下降，蔬菜自然缓慢冻结。在整个储藏期中，蔬菜保持冻结状态，无需特殊管理。到出售前取出蔬菜放在 0 ℃ 左右的环境或就地缓慢解冻，仍可恢复蔬菜的新鲜品质。冻藏蔬菜收获时间、覆土厚度等都需根据当地气候条件灵活掌握。菠菜和芫荽忍受冻结的低温也有一定限度，温度过低也会产生伤害，温度保持在 −5~−6 ℃ 为宜。冻藏与沟藏的区别在于：冻藏的沟较浅，覆盖层薄。冻藏多用窄沟，约 30 cm 宽。如用 100 cm 或更宽的沟时，沟底需设通风道，一般要设置荫障，避免阳光直射，以便加快蔬菜入沟后的冻结速度，并防止忽冻忽化造成腐烂现象。

二、假植储藏

（一）假植储藏的含义

假植储藏又称囤菜，是将即将收获的蔬菜密集假植在沟内或窖内，使蔬菜处在极其微弱的生长状态，但仍能保持正常的新陈代谢的一种储藏方法。假值储藏是我国北方秋冬季节储藏蔬菜的特有方式，主要用于储藏各种绿叶菜和幼嫩蔬菜，如芹菜、小白菜、莴苣、锅塌菜、菜花和水萝卜等。这些蔬菜由于其结构和生理特点，用一般方法储藏容易缺水萎蔫，引起代谢反常，降低了蔬菜的耐藏性和抗病性；而假植储藏使蔬菜还能从土壤中汲取少量的水分和养分，甚至进行微弱的光合作用，因而能较长期地保持蔬菜的新鲜品质，随时供应市场消费。实际上，假植储藏是当外界温度下降时，使蔬菜继续保持缓慢生长能力的一种储藏方式。假植期间外界温度过低时，应加盖草席，不仅可以防寒防冻，还可以阻挡阳光照射蔬菜，起到软化蔬菜的作用。

（二）假植储藏的方法

假植储藏的蔬菜要连根收获，单株或成簇假植，只假植一层，不能堆积，株行间还应留适当通风空隙，覆盖物一般不接触蔬菜，菜面上有一定空隙层，有的在窖顶只作稀疏的覆盖，使一些散射光能够透入。土壤干燥处常须灌水几次，以补充土壤水分，灌水还有助于降温。

（三）假植储藏的管理技术

假植储藏主要是在阳畦或浅沟内维持冷凉而不致发生冻害的低温环境，使蔬菜处于极缓慢生长的状态。大多数适宜用假植储藏的蔬菜（如芹菜、小白菜等）在零度左右的温度下储藏比较适宜。因此，应该在露地气温已经下降时收获蔬菜进行假植，假植后调节通风量使阳畦或沟内温度逐渐降低，避免储藏初期因气温过高或栽植紧密而引起芹菜枯萎、莴苣抽薹脱帮等损失。待气温明显下降后，用一层或多层草席防寒，避免蔬菜受冻。盛夏时节在阳畦北面立风障保护。假植储藏适用于北方的冬季供应蔬菜，随市场需要取出销售，春季气温回升后，即需结束储藏。京津等地假植菜花已有长久的历史，储藏量大，效果也很好。

具体做法是：立冬前后将尚未成熟的菜花花球假植在阳畦、储藏沟或棚窖内，可将花球一棵棵地栽在土里，然后将土坨较紧密地排列，土坨之间的空隙填土或不填土。植株的叶片要捆扎包住花球。假植后要立即浇水，要适当加以覆盖防寒并适时放风，根据需要适当浇水，最冷的季节要注意防寒，需加盖草席。储藏期间植株内的营养物质会不断地运转到花球内，花球将继续生长，一般入储前鸡蛋大小的花球最终可长成直径 10 cm 的大花球。但充分长大后的花球不适宜假植储藏，否则会发生散花现象。

三、留树储藏

留树储藏主要用于柑橘，在冬季最低气温不低于 – 6 ℃ 的四川、湖南、广东和福建等地区可以实行。主要措施是秋季喷 2，4-D 结合适度的肥水管理，防止果实脱落，一般可储至翌年二三月。

任务二　机械冷藏

机械冷藏是在利用良好隔热材料建筑的仓库中，通过机械制冷系统的作用，将库内的热传送到库外，使库内的温度降低并保持在有利于延长产品储藏期的温度水平的一种储藏方式。其具有低温不受外界环境条件的影响，相对湿度及空气的流通可调节等优势。

机械冷藏（refrigerated storage）起源于 19 世纪后期，是当今世界上应用最广泛的新鲜果蔬储藏方式。20 多年来，为适应农业产业的发展，我国兴建了不少大中型的商业冷藏库，个人投资者也建立了众多的中小型冷藏库，新鲜果蔬产品冷藏技术得到了快速发展和普及。机械冷藏现已成为我国新鲜果蔬储藏的主要方式。目前世界范围内机械冷藏库向着操作机械化、规范化，控制精细化、自动化的方向发展。

一、机械冷库的构造和设计

机械冷库的建筑主体主要由支撑系统、保温系统和防潮系统三大部分构成。

（一）冷库的支撑系统

冷库的支撑系统即冷库的外层结构，是保温系统和防潮系统两部分赖以敷设的主体，一般由钢筋水泥筑成。支撑系统包括库体围护结构和承重结构，其形成了整个库体的外形，也决定了库容的大小。

（二）冷库的保温系统

保温系统是由绝缘材料敷设在库体的内侧面上，形成连续密合的绝热层，以隔绝库房内外的热流动。冷库的隔热性要求较高，库体的六个面都要隔热，以便在高温季节也能很好地保持库内的低温环境，尽可能降低能源的消耗，隔热层的厚度、材料选择、施工技术等对冷藏库的隔热性有重要影响。

（三）冷库的防潮系统

冷库的防潮系统是阻止水气向保温系统渗透的屏障，是维持冷库良好的保温性能和延长冷库使用寿命的重要保证。防潮系统主要是由良好的隔潮材料敷设在保温材料周围，形成一个闭合系统，以阻止水汽的渗入。常用的防潮材料有塑料薄膜、金属箔片、沥青、油毡等。

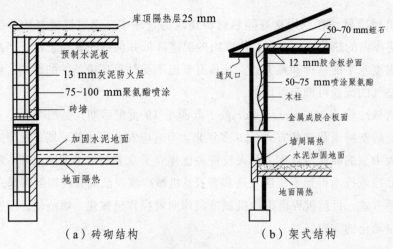

（a）砖砌结构　　　　　　（b）架式结构

图 2.7　果蔬冷藏库结构（单位：mm）

二、机械冷库的制冷原理

（一）机械制冷的原理

在机械制冷系统中，热传递的任务是由制冷剂来完成的。制冷剂由液态蒸发为气态时吸收周围环境的热量，再经压缩、冷却回到液态，反复循环，达到制冷的目的。依靠制冷剂气化而吸热为工作原理的机械称之为冷冻机，目前主要是压缩冷冻机，其组成有压缩机、蒸发器、冷凝器和调节阀（膨胀阀）四部分，如图 2.8 所示。制冷系统是冷藏库量重要的设备。

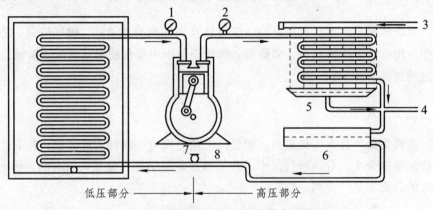

图 2.8 制冷循环原理图（直接蒸发系统）

1—回路压力；2—开始压力；3—冷凝水入口；4—冷凝水；
5—冷凝器；6—储液（制冷剂）器；7—压缩机；
8—调节阀（膨胀阀）；9—蒸发（制冷）器

（二）冷却方式

机械冷藏库的库内冷却系统一般可分为直接冷却（蒸发）、盐水冷却和鼓风冷却 3 种。

（1）直接冷却系统。

把制冷剂通过的蒸发器直接装置于冷库中，通过制冷剂的蒸发将库内空气冷却。

（2）盐水冷却系统。

该系统蒸发器不直接安装在冷库内，而是将其盘旋安置在盐水池内，将盐水冷却之后再输入安装在冷库内的冷却管组，盐水通过冷却管组循环往复吸收库内的热量，使冷库逐步降温。

（3）鼓风冷却系统。

冷冻机的蒸发器或盐水冷却管安装在空气冷却器（室）内，借助鼓风机的作用将库内的空气吸入空气冷却器并使之降温，将已经冷却的空气通过送风管送入冷库内，如此循环，达到降低库温的目的。

三、机械冷库的管理

（一）消　毒

果蔬储藏前，库房及用具均应进行认真彻底地清洁消毒，做好防虫、防鼠工作。用具（包括垫仓板、储藏架、周转箱等）用漂白粉水或硫酸铜溶液进行认真的清洗，晾干后入库。

（二）入　库

新鲜果蔬产品入库储藏时，如果已经预冷则可一次性入库储藏；若未经预冷处理则应分次、分批进行。库内产品堆放的科学性对储藏效果有明显影响。堆放的总要求是"三离一隙"。

（三）温度管理

大多数新鲜果蔬产品在入储初期降温速度越快越好，入库产品的品温与库温的差别越小越有利于快速将储藏产品冷却到最适储藏温度。在选择和设定适宜储藏温度的基础上，需维持库房中温度的稳定。储藏过程中温度的波动应尽可能小，最好控制在 ±0.5 ℃ 以内，尤其在相对湿度较高时更应注意降低温度波动幅度。

冷藏库温度管理的宗旨是适宜、稳定、均匀及产品进出库时的合理升降温。冷藏库房内温度的监控可采用自动化系统实施。

（四）湿度管理

对于绝大多数新鲜果品蔬菜来说，相对湿度应控制在 80%～90%，较高的相对湿度对于控制新鲜果品蔬菜的水分散失十分重要。新鲜果品蔬菜的储藏也要求相对湿度保持稳定。要保持相对湿度的稳定，维持温度的恒定是关键。当相对湿度低时需对库房增湿，可进行地面洒水、空气喷雾等。当相对湿度过高时，可用生石灰、草木灰等吸潮，也可以通过加强通风换气来达到降湿的目的。

（五）通风换气管理

通风换气的频率及持续时间视储藏产品的数量、种类和储藏时间的长短而定。对于新陈代谢旺盛的产品，通风换气的次数要多一些。产品储藏初期，可适当缩短通风间隔的时间，如 10～15 d 换气一次。当温度稳定后，通风换气可一个月一次。通风时要求做到充分彻底。通风换气时间的选择要考虑外界环境的温度和湿度，理想的条件是在外界温度和储温一致时进行，防止库房内外温度不同带入热量或过冷冷气对产品带来不利影响。生产上常在每天温度相对最低的凌晨这一段时间进行。雨天、雾天等外界湿度过大时不宜通风，以免库内湿度变化太大。

（六）储藏产品的检查

新鲜果蔬产品在储藏过程中，要进行储藏条件（温度、湿度、气体成分）的检查和控制，并根据实际需要记录和调整等。对储藏的产品要进行定期检查，了解产品的质量状况，做到心中有数，发现问题及时采取相应的解决措施。

四、案例——猕猴桃的冷藏

（一）储藏特性

猕猴桃的耐储性一般为早熟品种较差，晚熟品种较好。猕猴桃属于呼吸跃变型果实，具有生理后熟期，通常每年的 10 月上、中旬为采收适期，应注意最迟不能超过"霜降"。

（二）储藏条件

猕猴桃适宜储藏的温度在 0 ℃ 左右。低于 − 2 ℃ 以下储藏时，果实即受冻害。猕猴桃水分蒸发损失多时，果皮萎蔫，软化加快，在冷藏中要求相对湿度控制在 90%～95%。

（三）储藏方法

采收后 2 d 内入库，最好随采随放，装箱后呈"品"字形堆放，库温 0～1 ℃，相对湿度 90%～95%。库内不能同时混储苹果、梨等易释放乙烯的水果，猕猴桃可储藏 4～6 个月。

任务三　气调储藏

气调储藏（CA 储藏）即调节气体成分储藏，是调节控制果蔬产品储藏环境中气体成分的冷藏方法。它是冷藏、减少环境中氧、增加二氧化碳的综合质量控制方式。除控制储藏环境的温度、湿度外，还同时控制气体条件，形成有利于保持果蔬品质的综合环境，被认为是当代储藏果蔬效果最好的储藏方式。

气调储藏技术的科学研究，起源于 19 世纪的法国。1916 年，英国人在前人成果的基础上，系统地研究了环境空气成分中氧和二氧化碳浓度对果蔬新陈代谢的影响，为商用气调技术奠定了基础。气调储藏技术于 1928 年应用于商业，20 世纪 50 年代初得到迅速发展，20 世纪 70 年代后得到普通应用。

一、气调储藏的原理及特点

正常空气中，O_2 和 CO_2 的浓度分别为 21% 和 0.03%，其余为 N_2 等。采后的新鲜果蔬进行着正常的以呼吸作用为主导的新陈代谢活动，表现为吸收消耗 O_2，释放大约等量的 CO_2 并释放出一定热量。适当降低 O_2 浓度或增加 CO_2 浓度，就改变了环境中气体成分的组成。在该环境下：

（1）新鲜果蔬的呼吸作用会受到抑制，降低其呼吸强度，推迟呼吸高峰出现的时间，延缓新陈代谢的速度，减少营养成分和其他物质的降低和消耗，从而推迟了成熟衰老，为保持新鲜果蔬的质量奠定了生理基础。

（2）较低的 O_2 浓度和较高的 CO_2 浓度能抑制乙烯的生物合成，削弱乙烯刺激生理作用的能力，有利于新鲜果蔬储藏寿命的延长。

（3）适宜的低 O_2 和高 CO_2 浓度具有抑制某些生理性病害和病理性病害发生发展的作用，能减少产品储藏过程中的腐烂损失。

二、气调储藏的条件

气调储藏是把低温、低 O_2 和高 CO_2 浓度结合起来，三者具有适当的配合才能获得最优效果。

（一）温度要求

实践证明：采用气调储藏，即使温度较高，也可能获得较好的储藏效果。这对热带、亚热带果蔬来说有着非常重要的意义，因为它可以采用较高的储藏温度，从而避免冷害发生。当然，这里的较高温度也是很有限的，气调储藏必须有适宜的低温配合，才能获得良好的效果。

（二） O_2 、 CO_2 和温度的互作效应

气调储藏中的气体成分和温度等条件，不仅个别地对储藏产品产生影响，而且诸因素之间也会发生相互联系和制约，这些因素对储藏产品起着综合影响，亦称互作效应。

储藏效果的好坏正是这种互作效应是否被正确运用的反映。要取得良好的储藏效果， O_2 、 CO_2 和温度必须有最佳的配合。而当一个条件发生改变时，另外的条件也应随之作相应的调整，这样才可能仍然维持一个适宜的综合储藏条件。

O_2 和 CO_2 的浓度及比例是气调储藏的关键， O_2 浓度过低或 CO_2 浓度过高，都会导致果蔬的呼吸失调，引起生理病害的发生。目前在生产上应用的方式有三种：

（1）双指标，总和约 21%。即把气体组成定为两者之和等于 21%。采用低 O_2 处理或高 CO_2 储藏，可加强果实耐储性，一般将 O_2 和 CO_2 控制于两者各约 10%，简称高 O_2 高 CO_2 指标。

（2）双指标，总和低于 21%。该法 O_2 和 CO_2 含量都比较低，两者之和不到 21%。这是当前国内外广泛应用的配合方式，但这种配合操作管理比较麻烦，所需设备也较复杂。

（3） O_2 单指标。只控制 O_2 的含量， CO_2 用吸收剂全部吸收掉。 O_2 单指标

必然是一个低指标，不能超过 7%，这样才能有效抑制呼吸强度。其效果不如第二种方式，但优于第一种，操作上也比较简便。

（三）乙烯作用

低氧可以抑制乙烯的生成。CO_2 是乙烯的类似酶反应的竞争抑制剂，通过降低环境中 O_2 的浓度，提高 CO_2 的浓度，能达到减少乙烯生成量、减弱乙烯作用的目的。

三、人工气调储藏的方法

（一）气调储藏库的组成

（1）建筑要求。气调库应具有严格的气密性、安全性和隔热性。其结构应能承受得住雨、雪以及本身的设备、管道、水果包装、机械、建筑物自重等所产生的静力，同时还应能克服由于内外温差和冬夏温差所造成的温度应力。

（2）围护结构。气调库的围护结构主要由墙壁、地坪、天花板组成。要求其具有良好的气密、抗温变、抗压和防震功能。其中，墙壁应具有良好的保温隔湿和气密功能。地坪除具有保温隔湿和气密功能外，还应具有较大的承载能力，它由气密层、防水层、隔热层、钢层等组成。天花板的结构与地坪相似。

（3）隔热。要使气调库能够迅速降温并使库内温度保持相对稳定，气调库的围护结构必须具有良好隔热性。为使墙体保持良好的整体性和克服温变效应，在施工时应采用特殊的新墙体与地坪、天花板联成一体，以避免"冷桥"的产生。

（4）气密层。气密层是气调库的一种特有建筑结构层，也是气调库建设中的一大难题。人们先后选用过铝合金、增强塑料、塑胶薄膜等多种材料作为气密介质，但多因成本、结构、温变不能很好解决而不尽人意。经试验，选用专用密封材料（如密封胶、聚氨酯等）进行现场施工，能达到良好的密封效果。

（5）压力平衡。缓冲气囊和压力平衡器，前者是一只具有伸缩功能的塑胶袋，库内压力波通过此囊的膨胀或收缩进行调节，使库内压力保持相对平衡。当库内外压差较大时（如大于±10毫米水柱），压力平衡器的水封即可自动鼓泡泄气，以保持库内外的压差在允许范围之内，使气调库得以安全运转。

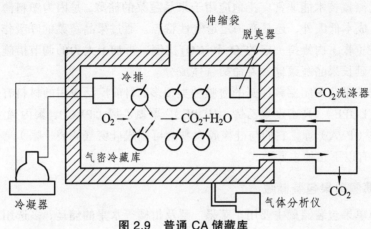

图 2.9 普通 CA 储藏库

（二）气调系统

（1）氧分压的控制。根据果蔬的生理特点，一般库内 O_2 分压要求控制在 1%～4% 不等，误差不超过 ±0.3%。为达此目的，可选用快速降 O_2 方式，即通过制氮机快速降 O_2，开机 2～4 d 即可将库内 O_2 降至预定指标。然后在水果耗 O_2 和人工补 O_2 之间，建立起一个相对稳定的平衡系统，达到控制库内 O_2 含量的目的。

（2）二氧化碳的调控。根据储藏工艺要求，库内 CO_2 浓度必须控制在一定范围之内，否则将会影响储藏效果或导致 CO_2 中毒。

库内 CO_2 的调控首先是提高 CO_2 含量，即通过果蔬的呼吸作用将库内的 CO_2 浓度从 0.03% 提高到上限，然后通过 CO_2 脱除器将库内的多余 CO_2 脱掉。如此往复循环，控制 CO_2 浓度在所需的范围之内。

四、案例——苹果气调储藏

红星、金冠等苹果采收后，分装于 0.06～0.07 mm 厚的聚乙烯袋中，此时的温度应保持在 10 ℃ 以下，90 d 以后随着外界温度的降低，储藏场所的温度降至 0 ℃，整个储藏期间 O_2 为 3%，CO_2 在最初的 45 d 内控制在 12%，以后 45 d 为 9%，而后降至 6%，并维持到储藏结束。此法储藏 6 个月，果实硬度好，外观色泽鲜艳，风味好，储藏效果优于 0 ℃ 低温储藏。

五、自发气调储藏（MA）

自发储藏技术能非常广泛地应用于果品蔬菜的储藏，是因为塑料薄膜除使用方便、成本低廉外，还具有一定透气性特点。通过果品蔬菜的呼吸作用，会使塑料袋（帐）内维持一定的 O_2 和 CO_2 比例，再加上人为的调节措施，会形成有利于延长果品蔬菜储藏寿命的气体成分。

可用于果蔬密闭储藏保鲜的薄膜种类很多，目前广泛应用的材料有低密度聚乙烯（LDPE）、高密度聚乙烯（HDPE）、聚氯乙烯（PVC）、聚丙烯（PP）、聚乙烯醇（PVA）等，它们与硅橡胶模黏合可制成硅窗气调袋（帐）。

MA 有以下几种主要形式：

1. 薄膜单果包装储藏

薄膜单果包装储藏主要用于苹果、梨及柑橘等水果的储运，多选用 0.01～0.015 mm 的聚乙烯薄膜袋单果包装。

2. 薄膜袋封闭储藏

薄膜单果包装储藏将产品装在塑料薄膜袋内，密封后放置于库房中储藏。

3. 塑料大帐密封储藏

储藏产品用漏空通气的容器装盛，码成垛。先垫衬底薄膜，其上放垫木，将盛菜容器垫空。每一容器的四周都酌留通气孔隙。码好的垛用塑料帐子罩住，帐子和垫底薄膜的四边互相重叠卷起，并埋入垛四周的沟中，或用土、砖等物压紧。也可用活动菜架装菜，整架封闭。密封帐多做成长方形，在帐的两端分别设置进气袖口和出气袖口，用于调节气体。在密封帐上还应设置供取分析气样的取气孔。密封帐多选用 0.07～0.20 mm 的聚乙烯或无毒聚氯乙烯塑料薄膜，可设置在普通冷库或常温库内，如图 2.10 所示。

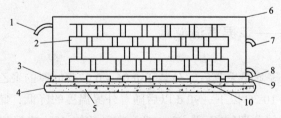

图 2.10　塑料薄膜大帐气调储藏示意图

1—充气孔；2—木箱；3—覆土；4—帐底卷边；5—石灰；6—大帐；
7—取气孔；8—抽气孔；9—砖块；10—帐底

4. 硅橡胶窗气调储藏

硅窗气调储藏是将园艺产品储藏在镶有硅橡胶窗的聚乙烯薄膜袋内，利用硅橡胶膜特有的透气性能进行自动调节气体成分的一种气调储藏方法，如图2.11 所示。硅橡胶的特殊透气性：对于氮气、氧气和二氧化碳三者的透性比为1：2：12，同时对乙烯和一些芳香物质也有较大的透性。

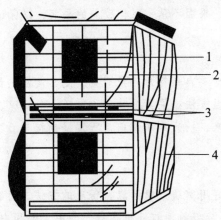

图 2.11　硅窗薄膜气调储藏示意图

1—硅窗；2—果品；3—内外垫板；4—密闭薄膜

储藏案例分析

案例一　苹　果

一、品种的选择

苹果品种不同，耐储性差异很大。早、中熟品种生长发育期短，营养物质积累少，耐储存性较差，加之采后随即供应市场，储藏价值不大；晚熟品种果实生长发育期长，成熟期昼夜温差大，干物质积累多，果皮蜡质层厚，耐储性好。因而，作为大批量的生产性储藏应以晚熟品种为主，如秦冠、国光、红富士等。

二、采收期的选择

采收期可以根据果实生长天数来确定。早熟品种一般在盛花期后 100 d 左右采收；中熟品种 100～140 d；晚熟品种 140～175 d。

苹果采收以晴天的早晚为宜，一般在上午 10 点前和下午 4 点后，忌在雾天、雨天、晴天中午采收。采收过程中，要做到轻拿轻放，轻装轻卸，轻搬轻运，防止一切机械损伤，勿使果梗脱落或折断。

三、拣 选

分拣出有病、虫、伤等不适宜储藏的果实。为了保证生产企业的经济效益，还需分拣出果形不好、果面不洁、果色较差的果实，以保证出库苹果良好的商品性能。

四、预 冷

果实采收后储藏前要自然存放一段时期，使其散发热量降低温度，防止入库后发热。常用的降温方法：果实采收后，选择一个阴凉、干燥处，如果园内树下，把苹果堆积起来，一直到霜降前后气温降到接近 0 ℃ 时再入库。

五、储藏方法

（一）土窖洞储藏

苹果入库前，最好用熏硫或喷洒漂白粉液的方法，对窖洞进行消毒处理。将苹果装入保鲜袋内，装袋前用打孔机在袋子的中上部和中下部分别打 2 个眼，以防 CO_2 中毒。入窖前先在地面铺一层 5 cm 厚的干净河沙，沙的湿度以手握成团，放开即散为宜。然后将装袋的苹果整齐摆放，中间留出人行道，以利苹果的出入库和日常检查。堆放高度以 0.9~1.1 m 为宜。

（二）机械冷库储藏

果采收后要做到及时入库，且单个库的入库时间要短，最好在 3~5 d 完成。

1. 堆 垛

冷库储藏苹果一般用木框存放，每框大约装果 400~450 kg，木框堆整齐。堆放距库壁 0.20~0.30 m，距冷风机 1~1.2 m，距库门 0.80 m，距库顶 1~1.2 m，中间要留出入行道，以利通风和检查。

2. 储藏温度和湿度的控制

温度控制在 -1~0 ℃，湿度控制在 90%~95%。

（三）气调储藏

气调储藏的温度可以较普通冷藏稍高，维持在 0 ℃ 左右。湿度 85%~90%，O_2 3%~4%，CO_2 2%~3%。

案例二　柑　橘

一、品种的选择

选择晚熟、果皮致密且油胞含油丰富、囊瓣中糖和酸含量高、果心维管束小的品种。

二、采收期的选择

宜在果皮已有 2/3 转黄、油胞充实、果肉坚硬尚未变软、接近完全成熟时采收。

三、果实储藏前处理

果实采下后马上用 0.1%浓度的甲基托布津或 0.1%浓度的多菌灵药液浸果 1 min，也可用 100～200 mg/L 的 2, 4-D 加 800～1 000 mg/L 的甲基托布津混合液涂果。

四、果实预储

将用化学药液处理后的果实原筐堆放在阴凉通风的室内，让其自然通风，蒸发散热，增加果皮弹性，促进机械伤口的愈合。必要时可使用电风扇加速降温降湿，缩短预储时间，提高预储效率。一般预储 3～5 d 后，手握果实有弹性感觉时即可。

五、选　果

预储结束后的选果，主要是剔除病虫危害果、机械剖伤果、日灼果、浮皮果、粗皮大果以及过小的果实，使选留下来的果实大小均匀一致，商品率高，以提高储藏的经济效益。选留下来的果实用 0.1 mm 的聚乙烯薄膜（已在通风库内进行消毒处理）裹紧，装入果箱或果篓（已在通风库内进行了消毒处理）里。

六、储藏方法

（一）简易储藏

用桉树叶、香樟叶、松针叶中的一种，平铺在储存的地面上 10 cm 厚，将果实放于叶面上，放一层果实再放一层树叶，以堆放 5～6 层为宜，最后再用树叶盖在果堆上。储存 7 d 后用塑料薄膜盖上即可。注意：当天采果当天储存，不可装储太满，应放置阴凉通风处，切忌堆沤，室温保持在 6 ℃以上。

（二）通风库储藏

1. 库房处理

通风库在果实入库前必须进行库房消毒。一般采用硫黄熏蒸法。即在果实入库前 1-2 周，将包装果实用的果箱、果篓、塑料薄膜以及松针等放入通风库，每立方米空间用 10～12 g 硫黄与锯木屑拌匀燃烧，密闭 24 h 以上，入库前 1～

2 d 敞开门窗，换入新鲜空气。也可用 200 倍福尔马林液喷射消毒。果实入库前应在冷凉的夜间打开所有通风装置，使库内温度尽量降低，必要时可使用电风扇，鼓风机。若库内比较干应当喷水，以提高湿度。

2. 入　库

果实经消毒处理装箱后应马上搬入经过消毒的通风库内进行储藏。一般将果箱堆放在通风库的两侧，留 50 cm 宽的走道作通风和检查用，箱与四周墙壁相距 15～20 cm。堆码高度可依果箱的耐压强度而定，但库顶须留出 50 cm 空间。

3. 入库后管理

柑橘储藏的适宜温度因品种而异，温州蜜柑为 2～4 ℃；甜橙为 5～8 ℃；椪柑为 10～12 ℃。湿度均控制在 85%～90%。气体条件要求：降低乙烯含量，适当增加二氧化碳含量并降低氧气含量。入库初期，果实代谢旺盛，产生热量多，加上残留的田间热，易出现高温高湿，极易造成果实霉变腐烂。南方此时夜间温度不太低，可日夜打开通风库窗子和抽气筒，以降温降湿。储藏中期，当外界气温降至 4 ℃ 以下时应注意加强防寒保暖，关上通风窗，可在所有通风窗加挂草垫或棉絮，库顶覆盖稻草或茅草。同时根据库内外温湿度变化，在午间打开部分通风窗、抽气筒进行通风换气。如湿度过低，可在库内放置湿水盆或在库内悬挂吸足水的棉布，必要时可在地面或墙壁上喷雾，以提高湿度。

4. 加强翻堆检查

注意翻堆检查必须在湿度较高时进行，要及时清除烂果。储藏后期外界气温逐渐升高且变化较大，而果实开始衰老，腐烂明显增多，应注意降低库内温度。白天应关闭所有通风窗隔热，并在通风窗外及库顶加盖隔热材料。夜晚，特别是清晨应打开所有门窗及抽气筒进行通风透气。

案例三　猕猴桃

一、采收期的选择

猕猴桃最适宜的采收指标为：① 可溶性固形物含量为 6.2%～7.5%；② 从开花到成熟的时间为 21 周左右（约 147 d）；③ 果实硬度为 8.2 kg/cm²。采收时要轻拿轻放，防止机械损伤发生，同时避免在阴雨天采果。

二、猕猴桃的分级与包装

果实采收后应及时挑选、分级，以便预冷。按果重分为四级：130～150 g为特级果；100～129 g 为一级果；80～99 g 为二级果；80 g 以下为三级果。选果时还应剔除虫害果、机械损伤果及畸形果。

三、储藏方法

（一）窑洞储藏

窑调储藏是指在窑洞内进行果与沙层堆积储藏。具体方法是：选用洁净的湿沙（湿度以手捏成团、放手可散开为宜），先铺 1 层 3～5 cm 厚的湿沙在窑洞地面，然后放 1 层猕猴桃，再铺 1 层湿沙，总高度不超过 40 cm。利用此法猕猴桃可储藏 20～30 d。

（二）机械冷库储藏

1. 预　冷

具体措施是充分制冷，降温，加强通风换气，保持库温在 -1～1 ℃，在 24 h 内将果实的品温稳定在 -0.5～0 ℃，在常温中耽搁的时间不超过 12 h，待露水消失时装袋（厚度为 0.04 mm 左右的聚乙烯袋）。装果量应以上层箱底部不压伤果实为宜，每袋的顶部果实上放置一小包专用保鲜剂，扎口后堆码，注意留出足够通风道。

2. 温、湿度管理

温度控制在 -0.5～0.5 ℃，湿度控制在 90%～95%。

3. 气体管理

设点定期采样，测定袋内二氧化碳、氧气及乙烯的浓度，当氧气小于等于 2%，二氧化碳大于等于 5% 时应及时解袋通风放气，乙烯浓度勿超过 0.03 mg/kg。

4. 储期检查

猕猴桃入库 1 周时应进行第 1 次检查，挑出烂果软果；第 2 次检查隔半月，以后每月检查 1 次。应避免带有酒精气味或释放乙烯的物质混入果库，发现袋内壁结露时应用无菌的干毛巾揩干，并在以后的储藏中加强温度管理。

（三）气调储藏

1. 预　冷

具体措施是充分制冷，降温，加强通风换气，保持库温在 -1～1 ℃，在 24 h 内将果实的品温稳定在 -0.5～0 ℃，在常温中耽搁的时间不超过 12 h，待露水消失时装袋（厚度为 0.04 mm 左右的聚乙烯袋）。装果量应以上层箱底部不压伤果实为宜，每袋的顶部果实上放置一小包专用保鲜剂，扎口后堆码，注意留出足够通风道。

2. 温、湿度及气体控制

温度控制在 0 ℃ 左右，湿度控制在 90%～95%。气体控制：O_2 2%～4%，CO_2 2%～5%，乙烯<0.01%。

案例四　草　莓

一、品种的选择

草莓中、早熟品种耐储藏性较差，而中晚熟品种耐储藏性较好。一般认为，鸡心、狮子头、戈雷拉、宝交早生、绿色种子、布兰登保、硕丰、硕蜜、女峰、丽红等品种比较耐储运。

二、采收期的选择

储藏的草莓应在八成熟左右，即以果实向阳而鲜红，背阴面泛红时（或果实一般以果面 3/4 着色为宜），选择在清晨、上午或傍晚天气较凉爽时采摘。采前不能浇水。采收时，用手轻轻托起果柄，在离果 0.5 cm 处切断，手指不要触及浆果。

三、分级和包装

采收容器用塑料箱或小筐，内铺一层柔软材料，采收同时进行分级和包装。剔除病虫果及劣果，将好果放入长 90 cm、宽 60 cm、高 15 cm 的塑料箱中，堆放厚度 9～12 cm，尽量减少翻动次数，箱内果层堆积不宜过厚，装好后应放置于阴凉通风处散热。（注意：采摘前应对采收容器进行消毒处理。）

四、储藏方法

（一）坛灌储藏

把刚采摘下来的草莓轻轻地放入坛罐之类的容器中，用塑料薄膜封口，置于阴凉通风的空屋中，或埋于房后背阴干爽的地方。此法草莓可储藏 10 d 左右。

（二）冷藏

1. 预　冷

草莓采收后应及时强制通风冷却，使果温迅速降至储藏温度。

2. 温、湿度控制

将草莓带包装装入大塑料袋中，扎紧袋口，防止失水，减少氧化变色，然后放入冷库中储藏，草莓适宜的储藏温度为 0～0.5 ℃，相对湿度为 90%。

（三）气调储藏

将完好的鲜果摊放在容器中，厚度不超过 15 cm。将装有草莓的容器逐层堆放，外加罩 0.2 mm 厚的聚乙烯塑料薄膜袋做帐密封，加上硅窗控制，放在棚窖或自然通风库中进行架储。晚上打开全部气孔和门窗通风，温度保持在 0～1 ℃，温度为 85%～95%，氧气和二氧化碳量的含量分别为 3% 和 3%～6%。每隔 10 d 左右开袋口检查，若无腐烂变质立即封口继续储藏。

案例五　甜樱桃

一、品种的选择

甜樱桃的早熟和中熟品种不耐储藏，晚熟品种和抗病性强的品种耐储性较强，因此储藏大樱桃应选用晚熟、硬度大、含糖量高的品种，如先锋、拉宾斯、那翁以及先锋和斯坦勒的杂交品种——艳阳。

二、采收期的选择

储藏樱桃一般在八九成熟时采收为宜。必须用手采摘，轻轻捏住果柄向上一掰，将果和果柄完整摘下。轻拿轻放，避免挤压碰伤，临时存放须置于树下、屋内等阴凉处。采收应在晴好天气上午 10 时以前进行，阴雨天、有雾、果面潮湿时不适宜采收。

三、拣　选

选择果形端正、大小均匀、果面清洁、色泽鲜艳、可溶性固形物含量高、硬度大、生长发育正常、无病害和机械伤害的果实。

四、分级及容器包装要求

一般根据甜樱桃的品种、大小、采收成熟度进行分级。果重大于等于 10 g 为特级；8.0～9.9 g 为一级；6.0～7.9 g 为二级；4.0～5.9 g 为三级。

采摘容器内壁要光洁、柔软，容量不超过 5 kg。包装箱一般选用泡沫保温箱、纸箱和塑料周转箱，箱底部宜铺加弹性或软质材料，箱内衬甜樱桃保鲜专用袋或专用保鲜膜，盛果量不超过包装箱容量的 2/3，以 10～15 kg 为宜。

五、库房准备

储藏前应对库房、周转箱等进行清洁和杀菌消毒，消毒要使用安全无公害药剂，参照 GB/T8559 苹果冷藏技术执行。库房使用前，要对所有设备进行全面检修，确保各种设备正常运转。甜樱桃入库前 1～2 d，提前开机进行库房降温。

六、预冷和入库

装箱后应及时预冷，应设专门的预冷间或预冷库，一般从采收到预冷以不超过 12 h 为宜。一次预冷量以库容的 10%～30% 为宜。预冷温度以 0 ℃～2 ℃ 为宜，预冷时间一般为 10～12 h。预冷时，不要叠放，解开袋口，使果温尽快降低。预冷好后迅速入库储藏。

七、储藏方法

（一）冷　藏

储藏温度宜保持在 $-1 \sim 0\ ℃$，储藏湿度应保持在 90%以上。要排除库内较多的二氧化碳和其他气体时，可在夜间或清晨气温较低时进行通风换气，防止库内温度和湿度有较大波动。

（二）气调储藏

在冷藏的基础上进行气体调节，可用作甜樱桃气调储藏的推荐气体成分为：O_2 3%～5%，CO_2 5%～8%。气调储藏温度控制在 $-0.5 \sim 0.5\ ℃$，同时要求配备自动雾化加湿设备，湿度保持在 90%以上。

（三）储藏管理

定期对库内的甜樱桃进行抽样检查，前 2 个月储藏期内每半月进行一次，2 个月以后每周进行一次，抽检比例为储藏量的 0.01%～1%。详细记录检查内容和结果，发现问题及时进行处理，并制定解决方案。检查内容主要包括风味变化、可溶性固形物含量、硬度指标、失重情况、病害发生情况、掉柄和褐变情况、成熟度变化等。每天早、中、晚三次记录库内温度和湿度，每天一次检测气体成分含量是否正常，每天定时化霜。

（四）出　库

由于库内外温差较大，为避免果实表面结露，要将储藏库内的温度缓慢升高。

气调储藏结束出库时，要先打开库门、风扇进行气体交换，等库内的氧气含量同大气平衡时，方可出库。

案例六　枇　杷

一、采前处理

（一）幼果套袋

郑少泉等（1993）研究认为，花谢后 20～30 d 应套袋，套袋前应先疏果穗。原则上每穗选留相对集中、发育良好和大小一致的幼果 3～5 个，并全面喷一次 50%甲基托布津 1 000 倍液，纸袋用杀菌剂浸泡数分钟后晾干再套果。这样可以明显减少霜害、日烧病和裂果病等生理病害的发生。

（二）采前喷药

果实采收前，喷 0.5%波尔多液、70%甲基托布津可湿性粉剂 800 倍液或

50%多菌灵可湿性粉剂 1 000 倍液保护果实。每隔 10～15 d 连喷 2～3 次，可减少果实采收后炭疽病、灰霉病的发生。

二、采　收

枇杷成熟的标志是果实充分长大、果面和种子充分着色、果肉组织软化、含酸量降低和糖分迅速增加。一般果实达到八九成熟（即果面有光泽、皮易剥、全面着色 4～5 d 后）采收。枇杷花期长，要分期分批进行采收（如远销，可适当提早采收，约九成着色时采收。同一果穗上的果实，成熟度不一致，宜采用分批采收的收获方法）。枇杷果肉柔软多汁、皮薄、易脱毛，易被碰伤而降低储藏性能和商品性。所以采摘时要特别小心，宜用手拿果穗或果梗，小心剪下，不要擦伤果面绒毛、碰伤果实。采果用的篮、箱要衬垫草纸或其他柔软材料。采果时，要有果梯和采果钩。工人采收前须把指甲剪平，采果时要手摘果柄，防止触摸果面，并轻放轻拿、浅装轻挑，以防止碰压。采收时间应在上午、下午或阴天．决不能在大雨或高温烈日下采收。

三、选别、分级

挑选分级，选择果色橙黄、无病害和损伤的果实，保留果梗。根据果实的外观、大小重量、营养成分等进行分级。残次果需及时销售或加工，以减少浪费。果实分级可按国家标准进行，以利于商品流通，实行优质优价。

四、储藏前防腐保鲜处理

采收的果实立即用 1%SO_2（体积比）熏蒸 20 min，或用 0.1%多菌灵溶液浸果 2～3 min，也可用 0.1%多菌灵＋0.02%2,4-D 混合药液浸果 2 min。捞出晾干，装入底部垫有碎纸的箱（筐），每箱（筐）限装果 15～20 kg，有条件的可用保鲜纸单果包装或 0.02～0.06 mm 厚的聚乙烯薄膜袋包装后装箱。

也有研究发现，用 1%的魔芋甘露聚糖＋0.02%的 2,4-D 混合溶液浸泡处理后，在室温 16～28 ℃和相对湿度 85%～90%环境下进行涂膜保鲜，可以在果实表面形成一层保护膜。这样既可以保护果实免受伤害或病虫侵染，又可起到保水和调节气体的作用，进而延缓衰老进程，维持较高的果实品质。这样储藏期可以达到 30 d，好果率在 75%左右。

五、储藏保鲜技术

（一）窖　藏

储藏前将窖打扫干净，然后将包装用具等放窖内，用 40%福尔马林或 20 g/m^3 硫黄粉燃烧熏蒸 24 h，再打开窖门及进、出气孔，将箱（篓）码垛于窖内。一般码垛 4~5 层，之间互有间隙。在温度 20 ℃，相对湿度 85%~90%条件下，此法可储藏 25 d 左右。若在包装箱（篓）外套上打孔的塑料袋，则储藏效果更好。

（二）沟　藏

选一方便管理的无鼠、虫及牲畜危害的阴凉干燥处，挖深宽各 1~1.5 m，长 10~15 m 的沟，沟底铺 6~7 cm 干净细湿沙（湿度以用手捏成团后松之即散为宜）。将装果箱（篓）摆放沟内，沟上用打有孔的塑料膜覆盖，最后沿沟搭凉棚。此法在 20 ℃ 以下，相对湿度 80%~90%条件下，可储藏 25~30 d。

（三）低温储藏

周德荣等（1986）在 0 ℃、5 ℃、15 ℃ 和常温条件下比较枇杷储藏情况，结果表明，"照种"枇杷在 5 ℃ 下储藏 31 d 的好果率最高，为 83.9%。章勇等（1995）研究发现，氯化钙结合冷藏可延长枇杷储藏期。用 0.5% 氯化钙溶液浸泡枇杷 30 min，再把枇杷置于 5 ℃ 下储存 25 d，腐烂指数最低，效果最好。在 3~8 ℃ 的低温条件下，相对湿度（RH）85%~95% 条件下储藏，一般可保鲜果实 1~2 个月。郑永华等（2000）研究发现，在 1~5 ℃ 温度下，结合薄膜包装，枇杷在储藏 30 d 后，好果率在 90% 以上。李维新等（2005）研究"解放钟"枇杷适宜的储藏温度为 6~8 ℃，储藏 30 d 仍能保持较好品质。

但是在不适宜的低温下长期储藏，枇杷很可能会发生冷害现象。如曾雅鹃等（2002）研究发现，在 1 ℃ 低温下储藏，枇杷果皮难剥，果肉变硬，果心发生褐变；秦文等（2005）研究发现，8 ℃ 是龙泉大五星枇杷较适宜的储藏温度，储藏期为 20 d；而在 4 ℃ 条件下储藏时，随着储藏期的延长，会出现果皮难剥、果肉木质化败坏的现象，即发生冷害。

（四）薄膜包装储藏（MA 储藏）

塑料薄膜密封包装可提供高湿的微环境，能显著减少果实失水而保持较好的外观。因此，薄膜包装储藏对于枇杷采后保鲜具有重要的意义。枇杷采后用塑料薄膜打孔包装，既可以提供高湿度的微环境，又可以显著地减少果实失水而保持较好的外观，同时可防止包装袋内 CO_2 浓度过高而产生高 CO_2 的伤害和果实异味。

应用简易气调，结合化学药剂防腐杀菌后低温储藏效果更好。较常用的操作方法如下：枇杷采果后，用 0.1% 的多菌灵浸果 4 分钟或 0.1% 多菌灵加 0.02%

的 2, 4-D 浸果 4 min 处理后，放在通风场所发汗 1~2 d，蒸发果实表面多余水分，然后用 0.02 mm 厚的聚乙烯薄膜袋包装，再装竹篓或竹筐，或果实经单果吸水纸包装后装筐，在筐外套聚乙烯薄膜袋，每个袋上有 8 个直径 1.5 cm 的圆孔，扎紧袋口储藏。塑料袋或者塑料帐自发气调结合冷藏可以储藏 3 个月，冷藏温度为 5~9 ℃，相对湿度为 85%。采用塑料帐或硅窗气调技术，储藏温度为 7.5~9.5 ℃。此外，枇杷果实用保鲜剂、薄膜包装结合减压抽气综合处理储藏保鲜效果好。

（五）气调储藏（CA 储藏）

人为调节控制 O_2 和 CO_2 浓度可抑制枇杷果实衰老，延长保鲜期。低温气调储藏研究表明，枇杷果实人工最佳充气气调包装条件为 O_2 2%~8%，CO_2 4%~6%，N_2 82%~85%。有研究表明，用高 O_2（O_2>90%）代替传统低 O_2 的气调储藏技术可显著抑制果实呼吸速率和果肉中多酚氧化酶（PPO）的活性，使可溶性固形物和可滴定酸含量下降缓慢，可较好保持果实的品质。气调储藏的方法必须注意 CO_2 和 O_2 的相对浓度。

（六）药物处理保鲜

SO_2 既可以作为防腐剂，又可以有效地抑制果实的呼吸和褐变，从而延缓衰老和延长货架期。陈锐亮等（2002）采用药物处理与低温储藏相结合的方法对枇杷进行保鲜研究，发现枇杷用多菌灵和 2, 4-D 处理并在 10 ℃ 下储藏，可以储藏 25~30 d。

案例七　辣　椒

一、品种的选择

准备储藏的辣椒，应选择果实个头大、果肉厚而坚硬、表皮光亮、颜色浓绿、抗病性强的中晚熟品种。

二、采收

采前 7~15 d 对果实进行防腐，如喷洒杀菌剂或保鲜剂。采收前 2 d 应停止浇水。要在果实充分长大、果皮深绿而有光泽的时候采摘。辣椒采收应选择在连续晴天早晨露水干后，气温较低时进行，雨天、雾天或烈日曝晒天不宜采。采收时要轻拿轻放，保护果柄。最好戴绒线手套握住果梗采摘或用无锈的剪刀连同果柄上的节一同剪下，轻轻放入垫纸的筐中，避免擦伤或压裂果实。

三、拣　选

首先将采摘的青椒严格挑选，分级管理，将有病虫害和机械损伤的青椒剔除。

四、预　冷

采后入库前应放入阴凉处或缓冲间预冷 24 h 左右再入储，或在低于储藏温度 1 ℃的条件下预冷 1~2 d。

五、库房及包装材料消毒

库房及包装材料要严格用 1%甲醛、过氧乙酸、0.5%~1%漂白粉等熏蒸、喷洒，彻底消毒。

六、储藏方法

（一）简易储藏

青椒可进行窖藏、沟藏、袋藏、草木灰埋藏、缸藏。

（二）机械冷藏

采收挑选后的辣椒放入筐或箱内，注意筐或箱应内衬 PVC 透湿膜，采后尽快地放入库内进行预冷。PVC 袋中最好放置辣椒防腐保鲜剂，待温度降至最佳储温时，扎紧袋口，码放整齐。控制储藏温度为 7~9 ℃，空气相对湿度为 80%~90%。湿度过低可采用在库内挂湿麻袋来增湿，若湿度过高，可通过自然通风和强制通风或在库内放置生石灰来调节。

（三）气调储藏

将适时采摘的辣椒轻放入专用鲜储塑料袋或硅窗袋中，每袋装 5~10 kg，预冷后放入气调库内。堆放时不宜过高，过重，以防压坏下面的辣椒，最好应搭架，分层分格堆放。控制储藏温度为 7~9 ℃，空气相对湿度为 80%~90%，控制储藏环境中 O_2 浓度为 5%~7%，CO_2 浓度在 5%以下。

冷藏期间应采用分段管理方法。储藏前期应每天傍晚开启电子保鲜机 12 h；储藏中期应每天开启电子保鲜机 4 h；储藏后期应每天开启电子保鲜机 12 h。青椒气调储期间要经常进行袋内气体成分的监测，控制袋内气体成分在所要求的范围内。

由于库内外温差较大，为避免果实表面结露，要将储藏库内的温度缓慢升高。气调储藏结束出库时，要先打开库门、风扇进行气体交换，等库内的氧气含量同大气平衡时，方可出库。

案例八　黄　瓜

一、采收期的选择

储藏用的黄瓜最好采收植株中部生长的瓜，因为接连地面的瓜与泥土接触，瓜身会带有许多病菌，容易腐烂；植株顶部的瓜是植株衰老枯竭时的后期瓜，瓜的内含物不足，储藏寿命短。黄瓜采收期应做到适时早收，要求瓜身呈碧绿色，直条、充实的中等成熟瓜。

二、采后处理

黄瓜采后要对瓜进行严格挑选，去除机械伤痕、有病斑等不合格的瓜。将需要储藏的瓜整齐地放在消毒过的干燥的筐中，装筐容量不超过总容量的 3/4，并避免瓜刺相互扎伤，感染腐烂。

三、储藏方法

（一）窖　储

窖的规格是宽 3 m，长 5～6 m，深 2 m（地面下挖 1 m，地面上筑 1 m）。窖顶覆土厚 0.5 m 以上。储量为 2 000～2 500 kg，窖顶设通风口 2 个，通风口大小为 5 cm×3 cm，出入口设在顶部或窖壁北侧。窖底贴四周墙壁挖水沟，水沟与地下水相通，沟深 20 cm，宽 1 m，中间留人行道，水沟上设木架，架宽与水沟相同。架分三层，可直接将黄瓜纵横码于架上，也可将黄瓜装筐或装袋置于架上。此法可储藏 20～30 d。

（二）沙埋储藏

霜冻前采瓜后，取河沙晾至室温，喷水湿润，用上釉的大缸，在缸底部铺一层沙，码一层黄瓜，再撒一层沙，依此可铺 7～8 层瓜。此法可储藏 20～30 d。

（三）冷　藏

黄瓜适宜的冷藏温度很窄，最适温度为 10～13 ℃，10 ℃下会受冷害，13 ℃以上会变黄及腐烂加快。黄瓜很容易失水变软萎蔫，相对适度保持在 95% 左右，可采用加塑料薄膜包装，防止失水。

（四）气调储藏

把黄瓜用筐装好后，在库里码成垛，每垛 40 筐，每筐 20～25 kg，垛底部放石灰吸收 CO_2，用塑料帐将垛密封，库温降至 12～13 ℃，帐内 O_2 用充氧机调到 5%。储藏期间每天都要测定帐内的 O_2 和 CO_2 含量，调节 CO_2 含量最高不超过 5%，O_2 不低于 2%。把泡沫砖块或蛭石，放在饱和高锰酸钾水溶液中浸透，待阴干之后用于吸收乙烯，每 10 kg 黄瓜用高锰酸钾泡沫砖 0.5 kg，吸收

剂分放在上层空间,分几处放置,帐内湿度保持在85%以上。采用此法可储藏
30 d左右。

案例九　马铃薯

一、品种的选择

选择休眠期长的马铃薯品种能延长储藏期。早熟品种、寒冷地区栽培的品
种或秋作的马铃薯休眠期长,利于储藏。马铃薯的生长后期不能过多灌水,增
施磷钾肥能提高马铃薯的耐储性。

二、采收期的选择

我国北方春种的马铃薯,多在7月份雨季来临前收获;夏秋播种的多在
9月中旬收获。当马铃薯地上部分茎叶变黄、倒伏和枯萎时,便可以进行采
收。将薯块晾半天左右,散发部分水分,使薯皮干燥,以降低储藏中马铃薯
的发病率。

三、储藏方法

(一)窖　储

窖的深度2~3 m,长宽根据储藏数量多少自定,窖底垫2 cm厚的草木灰
进行消毒。在10月下旬,马铃薯上盖15 cm厚的潮黑土保湿。如果窖浅,上
盖潮黑土20~30 cm厚。窖门不宜封早,11月上旬把窖盖一半留一半,以便通
风透气。如果窖内温度高,马铃薯容易腐烂;如果温度低,马铃薯容易受冻。
12月上旬全部封好。温度是窖藏的关键。

(二)仓　储

根据储藏量多少,在墙角处搭一个坯或砖仓,仓内外四周用泥抹严,防
止由于室内冷、透冷风,使马铃薯受冻。把马铃薯装到仓内,上面盖5 cm
潮黑土。

(三)冷　藏

冷藏马铃薯的温度必须保持在1~3 ℃,相对湿度保持在85%以下,并保
持空气流通。储存期间,不同品种分别储存。

第三部分　果蔬检测

概　述

果蔬产品质量包括两个方面的内容：① 产品的品质质量，包括外观、口感、营养、耐储性等。② 产品的食用安全性，即安全质量。果蔬检测就是通过使用感官的、物理的、化学的、微生物学的方法对果蔬的感官特性、理化性能及卫生状况进行分析检测，并将结果与规定的标准进行比较，以确定每项特性合格情况的活动。果蔬（园艺产品）质量检测是一门研究和评定（园艺产品）产品品质及其变化的学科，是运用物理、化学、生物化学等学科的基本理论及各种科学技术，对各类果蔬（园艺产品）产品组成成分的检测原理、检测方法和检测技术进行研究的一门应用性学科。

果蔬产品是人类最基本的生活材料，是维持人类生命和身体健康不可缺少的能量源和营养源，其品质直接关系到人类的健康及生活质量。因此，必须对果蔬产品品质进行评价，以保证人类能够摄食到营养卫生的果蔬产品。随着农药工业和现代农业的迅速发展，农药的品种、数量越来越多，施用量越来越大，但由于对农药的使用不当，在提高作物的产量的同时，农药对农产品的污染问题日渐突出。农产品污染加剧，必然导致农产品的安全问题。人们也面临着很多产品中农药残留量超出标准限量而危害人体健康的问题。很多农药会引起所谓的"三致"问题，即致癌、致畸、致突变。人们更需要对果蔬产品进行各种有效营养物质和对人体有害、有毒物质的检验和分析。对果蔬产品品质进行评价，就需要进行果蔬检测。果蔬检测是果蔬生产和研究的"眼睛"和"参谋"。

果蔬质量检测任务是根据制定的技术标准，运用物理、化学、生物化学等学科的基本理论及各种科学技术，对果蔬产品（原料、辅料、半成品、成品、副产品等）的主要成分及其含量和有关工艺参数进行检测。其作用有以下几种：

（1）控制和管理生产，保证和监督食品的质量。通过对果蔬生产所用原料、辅助材料的检验，可了解其质量是否符合生产的要求，确定工艺参数、工艺要求以控制生产过程。通过对半成品和成品的检验，可以掌握生产情况，即时发现生产中存在的问题，并采取相应的措施，来保证产品的质量；可以制订生产计划，为进行经济核算提供基本数据。

（2）为果蔬产品新资源和新产品的开发、新技术和新工艺的探索等提供可靠的依据。在园艺产品科学研究中，果蔬检测技术是不可缺少的，不论是理论性研究还是应用性研究，都离不开果蔬检测技术。例如，在果蔬食品资源的开发、新产品的试制、新设备的使用、生产工艺的改进、产品包装的更新、储运技术的提高等方面的研究中，都需要以分析检测结果为依据。

由于果蔬产品种类繁多、组成复杂、检测的目的不同、项目各异，测定方法又多种多样，故果蔬检测的范围很广。果蔬产品的品质通常从营养、卫生及嗜好性三方面来评价，故果蔬检测的内容也是围绕这三方面进行：

（1）果蔬的感官检测技术。各种食品都具有各自的感官特征。随着人民生活水平的提高，人们对食品色、香、味、外观等感官特征提出了更高的要求。

（2）果蔬的理化检测技术。果蔬的理化检测主要是利用物理、化学以及仪器等分析方法对食品中的各种营养成分、添加剂、矿物质、有害物质、微量成分、污染物质等进行分析检测。

（3）果蔬的微生物检测技术。微生物广泛地分布于自然界中。绝大多数微生物对人类和动、植物是有益的，有的甚至是必需的。而另一方面，微生物也是造成果蔬变质的主要因素，其中病原微生物还会致病，某些微生物在代谢过程中产生的毒素还会引起食物中毒。因此，为了正确而客观地揭示果蔬产品的卫生情况，加强果蔬产品卫生的管理，保障人们的身体健康，必须对果蔬产品进行微生物检验。果蔬的微生物检测技术就是应用微生物学的理论和方法，对果蔬产品中细菌总数、大肠菌群以及致病菌进行测定。除此之外，某些果蔬产品还须检测霉菌、酵母菌，罐头产品还须检测商业无菌。

上面内容是果蔬检验检测的基本内容，其中，感官检测法和理化检测法都将在本部分中详细介绍；微生物检测的方法不再列入本部分，请根据情况补充学习。

任务一　果蔬检测的基本技术

果蔬质量检验必须按一定的程序进行，根据检测要求，应先感官后理化及微生物检验，而实际上这三个检验过程往往是由各职能部门分别进行的。每一类检验过程，根据其检验目的、检验要求、检验方法的不同都有相应的检测程序。一般包括以下程序：① 检验样品的准备过程，包括采样、样品的处理及制备过程；② 进行样品的预处理，使其处于便于检测的状态；③ 选择适当的检测方法，进行一系列的检测并进行结果的计算，最后对所得的数据进行数理统计及分析；④ 将检验结果以报告的形式表达出来。

第一节　样品的采集、制备和保存

一、样品的采集

果蔬产品的种类繁多，成分复杂。同一种类的果蔬产品，其成分及其含量也会因品种、产地、栽培措施、成熟期、加工或储藏条件不同而存在相当大的差异；同一分析对象的不同部位，其成分和含量也可能存在较大差异。

从大量的组成成分不均匀的被检物质中采集能代表全部被检物质的分析样品（平均样品），必须采用正确的采样方法。如果采取的样品不足以代表全部物料的组成成分，即使以后的样品处理、检测等一系列环节非常精密、准确，其检测的结果也毫无价值，甚至会得出错误的结论。可见，采样是果蔬分析检测工作中非常重要的环节。

（一）采样的概念

采样也称取样、拣样，是指从大量分析对象中抽取一部分作为分析材料的过程，所抽取的分析材料称为样品或试样。

采样检验适用于批量较大、价值较低、质量特征较多、且质量较稳定或具有破坏性的产品检验。

（二）采样的原则

（1）代表性原则。所谓代表性，是指采取的样品必须能代表全部的检测对象，代表产品整体。代表性原则要求被抽取的一部分样品必须具备有整批产品的共同特征，以使鉴定结果能成为决定大量产品质量的主要依据。

（2）典型性原则。指被抽取的样品能反映整批产品在某些（个）方面的重要特征，能发现某种情况对产品质量造成的重大影响，如产品的变质、污染、掺杂及假冒伪劣产品的鉴别。

（3）适时性原则。针对组分、含量、性能会随着时间或容易随时间推移而发生变化的产品，要求及时、适时采样并进行鉴定，如新鲜果蔬中各类维生素的鉴定及农药或杀虫剂残留量的鉴定等。

（三）采样的步骤

采集样品的步骤一般分为五步，依次如下：

（1）获得检样。从要分析的整批物料的各个部分采集的少量物料称为检样。

（2）形成原始样品。许多份检样综合在一起称为原始样品。

（3）得到平均样品。原始样品经过技术处理后，再抽取其中一部分供分析检验用的样品称为平均样品。

（4）平均样品3份。将平均样品均分为3份，分别作为检验样品（供分析检测使用）、复验样品（供复验使用）和保留样品（供备用或查用）。

（5）填写采样记录。采样记录要求详细填写采样的单位、地址、日期、样品的批号、采样的条件、采样时的包装情况、采样的数量、要求检验的项目以及采样人等资料。

（四）采样的一般方法

采样的目的在于通过尽可能少的样本所反映出的质量状况来统计推断整批产品的质量水平。所以，如何抽取对该批产品具有代表性的样品，对准确评定整批产品的平均质量十分重要，是关系着生产者、消费者利益的大事。

采样通常有两种方法：随机抽样和代表性取样。随机抽样即按照随机的原则，从分析的整批物料中抽取出一部分样品。随机采样时，要求使物料的各个部分都有被抽到的机会。代表性取样则是用系统采样法进行采样，即已经掌握了样品随空间（位置）和时间变化的规律，按照这个规律采取样品，从而使采集到的样品能代表其相应部分的组成和质量。具体操作可根据实际的采样地点、包装样本或散装样品等不同而采取相应的方法。

（1）果品、蔬菜等原料产品。这类产品各部分组成极不均匀，个体大小及成熟程度差异很大，取样更应注意代表性，可按下述方法采样：

　　体积较小的可随机采取若干个整体为检样，切碎、混匀后形成原始样品，再分取缩减得到所需数量的平均样品；体积较大的，可按成熟度及个体大小的组成比例，选取若干个体作为检样，对每个个体按生长轴纵剖，分成 4 份或 8 份，取对角线 2 份，切碎、混匀得到原始样品，再分取缩减得到所需数量的平均样品；体积蓬松的叶菜类，从多个包装（筐、捆）中分别抽取一定数量的检样，混合后捣碎、混匀形成原始样品，再分取缩减得到所需数量的平均样品。

　　（2）果酱类产品。这类产品较稠、半固体，不易充分混匀，可先按 $\sqrt{总件数/2}$ 确定采样件数，打开包装，用采样器从各桶（罐）中分上、中、下三层分别取出检样，然后将检样混合均匀，再按上述方法分取缩减，得到所需数量的平均样品。

　　（3）罐头、瓶装饮料等小包装产品。这类产品一般按班次或批号连同包装一起采样。如果小包装外还有大包装，可在堆放的不同部位抽取一定量大包装，打开包装，从每箱中抽取小包装作为检样，将检样混合均匀，形成原始样品，再分取缩减得到所需数量的平均样品。

（五）采样数量

　　产品分析检验得到的结果准确与否通常取决于两个方面：① 采样的方法是否正确；② 采样的数量是否相当。因此，从整批产品中采取样品时，通常按一定的比例进行。确定采样的数量，应考虑分析项目的要求、分析方法的要求和被分析物的均匀程度三个因素。一般平均样品的数量不少于全部检测项目的四倍；检验样品、复验样品和保留样品一般每份数量不少于 0.5 kg。

（六）采样的注意事项

　　（1）一切采样工具都应该清洁、干燥、无异物，不应将任何杂质带入样品中。

　　（2）新鲜样品采集后，应立即装袋，扎紧袋口，以防止水分蒸发。

　　（3）测定重金属的果蔬样品，尽量用不锈钢制品直接采取。

　　（4）设法保持样品原有微生物状况和理化指标，并且在检测之前样品不得被污染，不得发生变化。

　　（5）感官性质极不相同的样品，切不可混合在一起，应另行包装，并注明其性质。

　　（6）样品采集完后，应在 4 h 之内迅速送往检验室进行分析检测，以免发生变化。

（7）盛装样品的器具上要贴牢标签，注明样品名称、采样地点、采样日期、样品批号、采样方法、采样数量、分析项目及采样人等。

（8）填写蔬菜样品标签，防止样品混淆，最好填写2份，1份放入袋内，1份扎在袋口。

相关链接：

四分法的操作步骤：如图3.1所示，先将样品充分混匀后堆积成圆锥形，然后从圆锥的顶部向下压，将样品压成3 cm以内的厚度，然后从样品顶部中心按"十"字形均匀划分成4部分，取对角的两部分样品混匀，如样品的量达到需要的量即可作为分析用样品。如样品的量仍大于需要量，则继续按上述方法进行缩分，一直缩分至样品需要量。

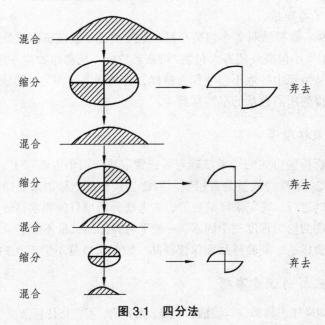

混合

缩分　　　　　　　　　　　　　　　弃去

混合

缩分　　　　　　　　　　　　　　　弃去

混合

缩分　　　　　　　　　　　　　　　弃去

混合

图3.1　四分法

二、样品的制备

按采样规程采取的样品往往数量较多、颗粒较大，而且组成不均匀。因此，为了确保分析结果的正确性，必须对样品进行适当的制备，以保证样品的均匀性，使在分析时采取任何部分都能代表全部样品的成分。

样品的制备是指对采取的样品进行分取、粉碎、混匀等处理工作。样品制备方法因产品种类不同而异。

（1）液体、浆体或悬浮液体。一般将样品摇匀、充分搅拌。常用的简便搅拌工具是玻璃搅拌棒和电动搅拌器。

（2）固体样品。应用切细、粉碎、捣碎、研磨等方法将样品制成均匀可检状态。各种机具应尽量选用惰性材料，如不锈钢、合金材料、玻璃、陶瓷、高强度塑料等。

（3）罐头。水果罐头在捣碎前须清除果核，常用的捣碎工具有高速组织捣碎机等。

在样品制备过程中，应注意防止易挥发性成分的散逸和避免样品组成和理化性质发生变化。制备微生物检验的样品，必须根据微生物学的要求，按照无菌操作规程制备。

三、样品的保存

采取的样品，为了防止其水分或挥发性成分散失以及其他待测成分含量的变化（如光解、高温分解、发酵等），应在短时间内进行分析。如不能立即分析，则应妥善保存。保存原则：干燥、低温、避光、密封。

制备好的样品应放在密封洁净的容器内，置于阴暗处保存。易腐败变质的样品应保存在 $0 \sim 5\,^{\circ}\mathrm{C}$ 的冰箱里，保存时间也不宜过长。有些成分，如胡萝卜素、黄曲霉毒素 B_1、维生素 B_1 等，容易发生光解，以这些成分为分析项目的样品，必须在避光条件下保存。特殊情况下，样品中可加入适量的不影响分析结果的防腐剂，或将样品置于冷冻干燥器内进行升华干燥来保存。此外，样品保存环境要清洁干燥，存放的样品要按日期、批号、编号摆放，以便查找。

第二节　样品的预处理

在果蔬的检测中，由于果蔬的种类繁多、组成复杂，而且组分之间往往又以复杂的结合形式存在，常给直接分析带来干扰。这就需要在正式测定之前，对样品进行适当处理，使被测组分同其他组分分离，或者使干扰物质除去。有些被测组分由于浓度太低或含量太少，直接测定有困难，这就需要将被测组分进行浓缩，这些过程称作样品的预处理。而且，果蔬样品中有些预测组分常有较大的不稳定性（如微生物的作用、酶的作用或化学活性等），需要经过样品的预处理才能获得可靠的测定结果。进行样品的预测，要根据检测对象、检测项目选择合适的方法。总的原则：消除干扰，完整保留被测组分。浓缩被测组分可以获得可靠的分析结果。常用的样品预处理方法有：有机物破坏法、溶剂提取法、蒸馏法、色层分离法、化学分离法以及浓缩法等。

一、有机物破坏法

有机物破坏法主要用于产品中无机元素的测定。产品中的无机盐或金属离子常与蛋白质等有机物结合，成为难溶、难离解的有机金属化合物，从而失去其原有的特性。欲测定其中金属离子或无机盐的含量，需在测定前破坏有机结合体，释放出被测组分，以便分析测定。通常可采用高温或高温及强氧化条件使有机物质分解，呈气态逸散，而被测组分残留下来。根据具体操作条件不同，有机物破坏法又可分为干法和湿法两大类。

（一）干法灰化

概念：一种用高温灼烧的方式破坏样品有机物的方法，又称灼烧法。

适用范围：主要用于果蔬中无机元素的测定，除汞外，大多数金属和部分非金属元素的测定都可用此法处理样品。

原理：将一定量的样品置于坩埚中加热，使其中的有机物脱水、炭化、分解、氧化之后，再置于高温的灰化炉（马弗炉）中（一般温度为 500～550 ℃）灼烧灰化，使有机成分彻底分解为二氧化碳、水和其他气体而挥发，直至残渣为白色或浅灰色为止，所得的残渣即为无机成分，可供测定用。

（二）湿法消化

原理：通过向样品中加入氧化性强酸（如浓硝酸、浓硫酸和高氯酸），并结合加热消煮，有时还要加一些氧化剂（如高锰酸钾、过氧化氢）或催化剂（如硫酸铜、硫酸汞、二氧化硒、五氧化二钒等），使样品中的有机物质被完全分解、氧化，呈气态逸出，待测成分则转化为离子状态存在于消化液中，供测试用。

二、溶剂提取法

原理：在同一溶剂中，不同的物质具有不同的溶解度。利用样品各组分在某一溶剂中溶解度的差异，将各组分完全或部分分离的方法，称为溶剂提取法或萃取。

适用范围：常用于维生素、重金属、农药及黄曲霉毒素的测定。

（一）浸提法

用适当的溶剂将固体样品中的某种待测成分浸提出来的方法称为浸提法，又称液-固萃取法。一般来说，提取效果符合相似相溶的原则，故应根据被提取物的极性强弱选择提取剂。对极性较弱的成分（如有机氯农药）可用极性小的溶剂（如正己烷、石油醚）提取。对极性强的成分（如黄曲霉毒素 B_1）可用极性大的溶剂（如甲醇与水的混合溶液）提取。溶剂沸点宜在 45～80 ℃，溶剂要稳定，不会与样品发生作用。常见的提取方法有振荡浸渍法、捣碎法和索氏提取法。

（二）溶剂萃取法

利用某组分在两种互不相溶的溶剂中分配系数的不同，使其从一种溶剂转移到另一种溶剂中，而与其他组分分离的方法，叫溶剂萃取法。对于萃取溶剂的选择，利用萃取用溶剂应与原溶剂不互溶，对被测组分有最大溶解度，而对杂质有最小溶解度。即被测组分在萃取溶剂中有最大的分配系数，而杂质只有最小的分配系数。经萃取后，被测组分进入萃取溶剂中，即同仍留在原溶剂中的杂质分离开。此外，还应考虑两种溶剂分层的难易以及是否会产生泡沫等问题。常见的萃取方法：通常在分液漏斗中进行，一般需经 4～5 次萃取，才能达到完全分离的目的。

三、蒸馏法

原理：利用液体混合物中各组分挥发度不同而进行分离的方法。

适用范围：可用于除去干扰组分，也可用于将待测组分蒸馏逸出，收集馏出液进行分析。

特点：具有分离和净化双重效果，仪器装置和操作较为复杂。

根据样品中待测组分性质不同，可采取常压蒸馏、减压蒸馏、水蒸气蒸馏等方式。对于沸点不高或者加热不发生分解的物质，可采用常压蒸馏。当常压蒸馏容易使蒸馏物质分解，或其沸点太高时，可以采用减压蒸馏。某些物质沸点较高，直接加热蒸馏时，因受热不均易引起局部炭化；还有些被测成分，当加热到沸点时可能发生分解，这些成分的提取，可用水蒸气蒸馏。

四、色层分离法

色层分离法又称色谱分离法，是一种在载体上进行物质分离的一系列方法的总称。根据分离原理的不同，色谱分离可分为吸附色谱分离、分配色谱分离和离子交换色谱分离等。此类分离方法分离效果好，尤其是对一系列有机物质的分析测定。

五、化学分离法

（一）磺化法和皂化法

1. 硫酸磺化法

此法的原理是油脂遇到浓硫酸发生磺化，浓硫酸与脂肪和色素中的不饱和键起加成作用，形成可溶于硫酸和水的强极性化合物，不再被弱极性的有机溶剂所溶解，从而使脂肪被分离出来，达到分离净化的目的。此法简单、快速、净化效果好，但用于农药分析时，仅限于在强酸介质中稳定的农药（如有机氯农药中的六六六、DDT）提取液的净化，其回收率在80%以上。

2. 皂化法

此法是利用热碱（氢氧化钾乙醇溶液）处理样品提取液，将脂肪等杂质皂化除去，以达到净化目的。仅适用于对碱稳定的农药（如狄氏剂、艾氏剂）提取液的净化。

（二）沉淀分离法

沉淀分离法是利用沉淀反应进行分离的方法。在试样中加入适当的沉淀剂，使被测组分沉淀下来，或将干扰组分沉淀下来，经过过滤或离心将沉淀与母液分开，从而达到分离目的。在进行沉淀分离时，应注意溶液中所要加入的沉淀剂的选择。所选沉淀剂不能破坏溶液中所要沉淀析出的物质，否则达不到分离提取的目的。沉淀后，要选择适当的分离方法，如过滤、离心分离或蒸发等。这要根据溶液、沉淀剂、沉淀析出物质的性质和实验要求来决定。

（三）掩蔽法

掩蔽法是利用掩蔽剂与样品溶液中的干扰成分作用，使干扰成分变为不干扰测定状态的成分，即被掩蔽起来。运用这种方法可以不经过分离干扰成分的操作来消除其干扰作用，可简化分析步骤，因而在果蔬分析中应用十分广泛，常用于金属元素的测定。

六、浓缩法

果蔬样品经提取、净化后，有时净化液的体积较大，在测定前需进行浓缩，以提高被测成分的浓度。常用的浓缩方法有常压浓缩法和减压浓缩法两种。

第三节　分析的误差与数据处理

一、选择分析方法应考虑的因素

一般地说，选择试验分析方法应该综合考虑下列各因素：

（1）分析要求的准确度和精密度。根据生产和科研工作对分析结果要求的准确度和精密度来选择适当的分析方法。

（2）分析方法的繁简和速度。根据待测样品的数目和要求、取得分析结果的时间等来选择适当的分析方法。

（3）样品的特性。根据样品的这些特征来选择制备待测液、定量某成分和消除干扰成分的适宜方法。

（4）现有条件。根据具体条件来选择适当的分析方法。

在具体情况下究竟选用哪一种方法，必须综合考虑上述各项因素，但首先必须了解各类方法的特点，如方法的精密度、准确度、灵敏度等，以便加以比较。

二、分析方法的评价

在研究一个分析方法时，我们通常采用某一标准方法进行某一项测定，得到一组分析数据。这组分析数据结果其可靠性如何？我们必须进行科学的综合性的评价。通常评价的指标有精密度、准确度和灵敏度这三项。

1. 精密度

精密度是指在相同条件下，对同一试样进行测定，多次平行测定结果相互接近的程度。这些测试结果的差异是由偶然误差造成的。它代表着测定方法的稳定性和重现性。

　　精密度的高低可用偏差来衡量。偏差是指个别测定结果与几次测定结果的平均值之间的差别。偏差有绝对偏差和相对偏差之分。测定结果与测定平均值之差为绝对偏差，绝对偏差占平均值的百分比为相对偏差。

　　设测定次数为 n ，其各次测得值（ x_1 、 x_2 、 $\cdots$ 、 x_n ）的算术平均值为 $\overline{x}$ ，则个别绝对偏差（ d_i ）是各次测得值（ x_i ）与它们的平均值之差。

$$d_i = x_i - \overline{x}$$

　　平均偏差（ $\overline{d}$ ）是各次测定的个别绝对偏差的绝对值的平均值，即

$$\overline{d} = \frac{\sum |x_i - \overline{x}|}{n}$$

　　平均偏差没有正负号。用这种方法求得的平均偏差称为算术平均偏差。
　　单次测定结果的相对算术平均偏差为：

$$相对平均偏差 = \frac{\overline{d}}{\overline{x}} \times 1\,000\,‰$$

　　果蔬检测分析常量组分时，分析结果的相对平均偏差一般小于 0.2%。
　　平均偏差的另一种表示方法为标准偏差（均方根偏差）。单次测定的标准偏差（ S ）可按下列公式计算：

$$S = \sqrt{\frac{\sum (x_i - \overline{x})^2}{n-1}}$$

　　单次测定结果的相对标准偏差称为变异系数，即

$$C_v = \frac{S}{\overline{X}} \times 100\%$$

　　标准偏差较平均偏差有更多的统计意义。因为单次测定的偏差平方后，较大的偏差更显著地反映出来，能更好地说明数据的分散程度。因此，在考虑一种分析方法的精密度时，通常用标准偏差和变异系数来表示。

2. 准确度

　　准确度是指测定值与真实值的接近程度。测定值与真实值越接近，则准确度越高。准确度主要是由系统误差决定的，它反映测定结果的可靠性。准确度高低可用误差来表示。误差越小，准确度越高。

误差是分析结果与真实值之差。误差有两种表示方法，即绝对误差和相对误差。绝对误差指测定结果与真实值之差；相对误差是绝对误差占真实值（通常用平均值代表）的百分率。

选择分析方法时，为了便于比较，通常用相对误差表示准确度。

单次测定值绝对误差和相对误差的计算：

$$绝对误差 \; E = X - X_T$$

$$相对误差 \; RE = \frac{E}{X_T} \times 100\%$$

式中　X——测定值，对一组测定值 X 取多次测定值的平均值；

　　　X_T——真实值。

因为测得值可能大于或小于真实值，所以绝对误差和相对误差都有正、负之分。为了避免与被测百分含量相混淆，有时也用千分数表示相对误差。

对于某一未知样的测定来说，实际上真实值是不可能知道的，因而分析某一分析方法的准确度，可通过测定标准试样的误差，或作回收试验计算回收率，用误差或回收率来判断。

在回收试验中，加入已知量的标准物的样品，称为加标样品。未加标准物质的样品称为未知样品。在相同条件下用同种方法对加标样品和未知样品进行预处理和测定，按下列公式计算出加入标准物质的回收率：

$$P = (X_1 - X_0) / m \times 100\%$$

式中　P——加入标准物质的回收率，%；

　　　m——加入标准物质的量；

　　　X_1——加标样品的测定值；

　　　X_0——未知样品的测定值。

测定回收率是目前实验室常用且方便的确定准确度的方法。多次回收试验后还可以发现检验方法的系统误差。

3. 准确度和精密度的关系

准确度和精密度是评价分析结果的两种不同的方法，是两个不同的概念，但两者间有一定的关系。前者说明测定结果准确与否，后者说明测定结果稳定与否。精密度高不一定准确度高，而准确度高一定要求精密度高。精密度是保证准确度的先决条件，精密度低说明所测结果不可靠，在这种情况下，自然失去了衡量准确度的前提。

4. 灵敏度

灵敏度是指分析方法所能检测到的最低限量。不同的分析方法有不同的灵敏度，一般而言，仪器分析法具有较高的灵敏度，而化学分析法（重量分析和容量分析）灵敏度相对较低。

在选择分析方法时，要根据待测成分的含量范围选择适宜的方法。一般地说，待测成分含量低时，需选用灵敏度高的方法；含量高时宜选用灵敏度低的方法，以减少由于稀释倍数太大所引起的误差。

由此可见，灵敏度的高低并不是评价分析方法好坏的绝对标准。一味追求选用高灵敏度的方法是不合理的。如重量分析法和容量分析法，灵敏度虽不高，但对于高含量的组分（如食品的含糖量）的测定能获得满意的结果，相对误差一般为千分之几。相反，对于低含量组分（如黄曲霉毒素）的测定，重量法和容量法的灵敏度一般达不到要求，这时应采用灵敏度较高的仪器分析法。而灵敏度较高的方法相对误差较大，但对低含量组分允许有较大的相对误差。

三、提高分析结果准确度与精密度的方法

果蔬检测分析中的误差，按其来源和性质可分为系统误差和随机误差两类。

由于某些固定的原因产生的分析误差叫做系统误差，其显著特点是朝一个方向偏离。造成系统误差的原因可能是试剂不纯、测量仪器不准、分析方法不妥、操作技术较差等，只要找到产生系统误差的原因，就能设法纠正和克服。由于某些难以控制的偶然因素造成的误差叫随机误差或偶然误差。实验环境温度、湿度和气压的波动、仪器性能的微小变化等都会产生随机误差。

从误差产生的原因来看，只有消除或减小系统误差和随机误差，才能提高分析结果的准确度。通常采用下列方法减小误差：

1. 选择合适的分析方法

（1）分析要求的准确度和精密度。不同分析方法的灵敏度、选择性、准确度、精密度各不相同，要根据生产和科研工作对分析结果要求的准确度和精密度选择适当的分析方法。

（2）分析方法的繁简和速度。不同分析方法操作步骤的繁简程度和所需时间及劳动力各不相同，每次样品分析的费用也不同，要根据待测样品的数目和

要求取得分析结果的时间等来选择适当的分析方法。同一样品需要测定几种成分时，应尽可能选用同一份样品处理液同时测定几种成分的方法，以达到简便、快速的目的。

（3）样品的特性。各类样品中待测成分的形态和含量不同，可能存在的干扰物质及其含量不同，样品的溶解和待测成分提取的难易程度也不相同。要根据样品的这些特征来选择制备待测液、定量某成分和消除干扰的适宜方法。

（4）现有条件。分析工作一般在实验室中进行，各级实验室的设备条件和技术条件也不相同，应根据具体条件来选择适当的分析方法。

在具体情况下究竟选用哪一种方法，必须综合考虑上述各项因素，但首先必须了解各类方法的特点，如方法的精密度、准确度、灵敏度等，以便加以比较。

2. 正确选取样品量

样品量的多少与分析结果的准确度关系很大。在常量分析中，滴定量或质量过多或过少都直接影响准确度。在比色分析中，含量与吸光度之间往往只在一定范围内呈线性关系，这就要求测定时读数在此范围内，并尽可能在仪器读数较灵敏的范围内，以提高准确度。这可以通过增减取样量或改变稀释倍数等来达到。

3. 对各种试剂、仪器、器皿进行鉴定或校正

各种计量测试仪器，如天平、温度计、分光光度计等，都应按规定定期送计量管理部门鉴定，以保证仪器的灵敏度和准确度。用作标容量的容器或移液管等，最好经过标定，按校正值使用。各种标准试剂（尤其是容易变化的试剂）应按规定定期标定，以保证试剂的浓度或质量。

4. 增加测定次数

一般来说，测定次数越多，则平均值越接近真实值，结果就越可靠；但实际上不能对一个样品进行很多次测定。多次测定会造成人力、物力和时间的很大浪费，而且往往是不必要的。一般每个样品应平行测定 2 次，误差在规定范围内，取其平均值计算。若误差较大，则应增加 1 次或 2 次。单次测定报告的结果是不可靠的。对于精密的测定还应增加测定次数。

5. 做空白试验

在测定的同时做空白试验，即在不加试样的情况下，按同样方法，在同样

的条件下进行测定。在样品测定值中扣除空白值，就可以抵消许多未知因素的影响。

6. 做对照实验

在样品测定的同时，进行一系列标准溶液的对照测定。样品和标准按完全相同的步骤，在完全相同的条件下进行测定，最后将结果进行比较。这样，也可以抵消许多未知因素的影响。

7. 做回收实验

在样品中加入已知量的标准物质，然后进行对照试验，看加入的标准物质能否定量地回收，根据回收率的高低可检测分析方法的准确度，并判断分析过程是否存在系统误差。

8. 标准曲线的回归

在用比色、荧光、色谱等方法分析时，常需配置一套标准系列，测定其参数（吸光度、荧光强度、峰高等），绘制参数与浓度之间的关系曲线，称为标准曲线。在正常情况下，标准曲线应该是一条穿过原点的直线。但在实践测定中，常出现偏离直线的情况，此时可用回归法求出该线的方程，就能比较合理地代表此标准曲线。利用回归法不仅可以求出平均的直线方程，还可检验结果的可靠性。实际上还可以应用回归方程进行测定结果的计算，而不必绘制标准曲线。

任务二　果蔬产品感官检验

果蔬产品质量的优劣最直接地表现在它的感官性状上，通过感官指标来鉴别果蔬产品的优劣和真伪，不仅简便易行、快速、经济，而且灵敏度较高，不需要专用仪器、设备和场所，不损坏商品，成本较低，直观而实用，使用较广泛。它是果蔬产品生产、销售、管理人员所必须掌握的一门技能。从维护自身权益角度来讲，消费者掌握这种方法也是十分必要的。因此，应用感官手段来鉴别果蔬产品的质量有着非常重要的意义。

第一节　果蔬感官检验的类型、方法及结果的评价

果蔬产品的感官检验是根据人的感觉器官结合平时积累的实践经验对果蔬产品质量进行判断和鉴定的方法。具体地讲，就是凭借眼的视觉、耳的听觉、鼻的嗅觉、口味觉、手触觉等，对果蔬产品的质量状况做出客观的评价。通过语言、文字、符号等进行记录和统计分析，从而对果蔬产品的色、香、味、质地、形、口感等各项指标做出评价的方法。

在果蔬产品所具备的营养、卫生、色香味俱佳等质量特性中，最直接受人们鉴别、评价的是果蔬产品的感官特性，感官特性是可由人的感觉器官感知的果蔬产品特性，如产品的色泽、风味、香气、形态组织等。人的感官是十分有效、敏感的综合检测器，可以克服物理或化学测定方法的不足，对果蔬产品做出综合性的感官评价，人们加以比较，从而判断出果蔬产品的可接受性。

此外，感官检验还用于鉴别果蔬产品的质量，在各种果蔬的质量标准中，都有感官指标，如外观、形态、色泽、口感、风味、均匀度、混浊度，是否有沉淀和杂质等。这些感官指标往往能反映出果蔬产品的品质和质量的好坏。当果蔬产品的质量发生变化时，常引起某些感官指标也发生变化。因此，通过感官检验可判断果蔬产品的质量及变化情况。

一、感觉的相关概念

人类在生存的过程中时刻都在感知自身存在的外部环境。感觉就是客观事物的各种特征和属性通过刺激人的不同的感觉器官，引起兴奋，经神经传导反映到大脑皮层的神经中枢，从而产生反应。而感觉的综合就形成了人对这一事物的认识及评价。

例如，苹果作用于我们的感官时，通过视觉可以感觉到它的外观、颜色；通过味觉可以感受到它的风味、味道；通过触摸或咀嚼可以感受到它的软硬、质地等。

早在两千多年前就有人将人类的感觉划分成五种基本感觉，即视觉、听觉、触觉、嗅觉和味觉。除上述的五种基本感觉外，人类可辨认的感觉还有温度觉、痛觉、疲劳觉、口感等多种感官反应。

感觉的产生需要有适当的刺激，而刺激强度太大或太小都产生不了感觉。也就是说，必须有适当的刺激强度才能引起感觉。这个强度范围称为感觉阈。它是指从刚好能引起感觉，到刚好不能引起感觉的刺激强度范围。如人的眼睛，

只能对波长范围在 380 ~ 780 nm 的光波刺激产生视觉。在此范围以外的光刺激，均不能引起视觉，这个波长范围的光称为可见光，也就是人的视觉阈。依照测量技术和目的的不同，可以将感觉阈的概念分为下列几种：

（1）绝对感觉阈。指以使人的感官产生一种感觉的某种刺激的最低刺激量（为下限），到导致感觉消失的最高刺激量（为上限）的刺激强度范围值。

（2）察觉阈值。刚刚能引起感觉的最小刺激量，称之为察觉阈值或感觉阈值下限。

（3）识别阈值。能引起明确的感觉的最小刺激量，称之为识别阈值。

（4）极限阈值。刚好导致感觉消失的最大刺激量，称之为感觉阈值上限，又称为极限阈值。

（5）差别阈。指感觉所能感受到的刺激的最小变化量。如人对光波变化产生感觉的波长差是 10 nm。差别阈不是一个恒定值，它随某些因素（如环境的、生理的或心理的）变化而变化。

二、感官检验的原则

食品感官检验应遵循的原则：

（1）《中华人民共和国食品卫生法》，国务院有关部委和省、市卫生行政部门颁布的食品卫生法规是检验各类食品能否食用的主要依据。

（2）食品已明显变质或含有过量的有毒有害物质（如重金属含量过高或霉变）时，不得供食用。

（3）食品由于某种原因不能供直接食用，必须经过加工或在其他条件下处理的，可提出限定加工条件和限定食用及销售等方面的具体要求。

（4）在鉴别婴幼儿、病人食用的食品时，要严于成年人、健康人食用的食品。

（5）食品某些指标的综合评价结果略低于卫生标准，但新鲜度、病原体、有毒有害物质含量均符合卫生标准时，可提出要求在某种条件下供人食用。

（6）在检验鉴别时，结论和评价结果必须明确，不得含糊不清，对条件可食的食品，应写清楚条件。对于没有鉴别标准的食品，可参照有关同类食品标准鉴别。

（7）在进行食品质量感官鉴别前，应收集了解该食品的有关资料，如该食品的来源、保管方法、储存时间、包装情况以及加工、运输、储存、经营过程中的卫生情况，为鉴别提供必要的判断基础。

三、感觉的基本规律

在感官检验中，不同的感觉之间会产生一定的影响，有时发生相乘作用，有时发生相抵效果。而在同一类感觉中，不同刺激对同一感受器的作用，又可引起感觉的适应、掩蔽或对比等现象。这种感官与刺激之间的相互作用、相互影响，在感官检验中，特别是考虑样品制备、检验程序、试验环境的设立时，应引起充分的重视。

（1）适应现象。指感受器在同一刺激物的持续作用下，敏感性发生变化的现象。值得注意的是，在整个过程中，刺激物的性质强度没有改变，但由于连续或重复刺激，而使感受器的敏感性发生了暂时的变化。一般情况下，强刺激的持续作用使敏感性降低，微弱刺激的持续作用使敏感性提高。

（2）对比现象。各种感觉都存在对比现象，当两个不同的刺激物先后作用于同一感受器时，一般把一个刺激的存在比另一个刺激强的现象称为对比现象，所产生的反应叫对比或相继性对比。例如，在15%的砂糖水溶液中，加入0.017%的食盐后，会感到其甜味比不加食盐时要甜，这是同时对比效应；吃过糖后再吃橘子，会觉得甜橘子变酸了，这是味觉的先后对比，是敏感性发生变化的结果。

总之，对比效应提高了对两个同时或连续刺激的差别反应。因此，在进行感官检验时，应尽可能避免对比效应的发生。例如，在品尝每种食品前，都应彻底漱口；品尝不同浓度的食品时，应先淡后浓，刺激强度应从弱到强。

（3）协同效应和拮抗效应。当两种或多种刺激同时作用于同一感官时，感觉水平超过每种刺激单独作用效果叠加的现象，称为协同效应或相乘效应。例如，谷氨酸与氯化钠共存时，使谷氨酸的鲜味加强；麦芽酚添加到饮料或糖果中使甜味增强。与协同效应相反的是拮抗效应，它是指因一种刺激的存在，而使另一种刺激强度减弱的现象。拮抗效应又称为相抵效应。

（4）掩蔽现象。当两个强度相差较大的刺激同时作用于同一感受器官时，往往只能感觉出其中的一种刺激，这种现象称为掩蔽现象。例如，当两个强度相差很大的声音传入双耳时，我们只能感觉到强度较大的那个声音，即同时进行两种或两种以上的刺激时，降低了感官对其中某种刺激的敏感性，或使该刺激的感觉发生了变化。

四、感官检验的类型

感官检验中，一般分为具有不同作用的两大类型：分析型感官检验和偏爱型感官检验。

（一）分析型感官检验

分析型感官检验是把人的感觉器官作为一种检验测量的工具，通过感觉器官的感觉来评价样品的质量特性或鉴别多个样品之间的差异。分析型感官检验是通过感觉器官的感觉来进行检验的，因此，为了降低个人感觉之间差异的影响，提高检测的重现性，以获得高精度的测定结果，就必须注意评价基准的标准化、试验条件的规范化和评价员的选定。

（1）评价基准的标准化。在感官测定果蔬产品的质量特征时，对每一测定项目，都必须有明确、具体的评价标准及评价基准物，以防止评价员采用各自的评价标准和基准，使结果难以统一和比较。对同一类食品进行感官检验时，其基准及评价标准必须具有连贯性及稳定性。因此，制作标准样品是评价基准标准化的最有效的方法。

（2）试验条件的规范化。在感官检验中，分析结果很容易受环境及试验条件的影响，故试验条件应规范化，感官检验试验室应远离其他试验室，要求安静、隔音和整洁，不受外界干扰，无异味，具有令人心情舒畅的工作环境，有利于注意力集中。另外，根据感官检验的特殊要求，试验室应有三个独立区域，即样品准备室、检验室和集中工作室。

（3）评价员的选定。从事感官检验的评价员，必须有良好的生理及心理条件，并经过适当的训练，感官感觉敏锐。

（二）偏爱型感官检验

偏爱型感官检验是以样品为工具来了解人的感官反应及倾向，如在市场中调查顾客对果蔬产品不同的偏爱倾向。此类型的感官检验不需要统一的评价标准及条件，而依赖于人们的生理及心理上的综合感觉，即个体人或群体人的感觉特征和主观判断起着决定性作用，检验的结果受生活环境、生活习惯、审美观点等多方面因素的影响，因此，其结果因人、因时、因地而异。

偏爱型感官检验完全是一种群体的主观行为，它反映不同个体或群体的偏爱倾向。不同个体或群体的差异对果蔬产品的开发、研制、生产有积极的指导意义。

综上所述，分析型感官检验和偏爱型感官检验的最大差异是前者不受人的主观意志的影响，而后者主要靠人的主观判断。

五、感官检验的方法

果蔬产品的感官检验方法有很多，常用的感官检验方法可分为三类：差别检验法、类别检验法和描述性检验法。在选择适宜的检验方法之前，首先要明确检验的目的、要求等。根据检验的目的、要求及统计方法来选择适宜的检验手段。

（一）差别检验法

差别检验法由于操作简单、方便，所以是一种较为常用的方法。它的原理是对样品进行选择和比较，判断是否存在差别。差别检验的结果是以做出不同结论的评价员的数量及检查次数为基础，进行概率统计分析。差别检验的目的是要求评价员对两个或两个以上的样品做出是否存在感官差别的结论。差别检验法的方法很多，常用方法有两点检验法、三点检验法、对比检验法、"A"或"非A"检验法、五中取二检验法等。

（1）两点检验法。两点检验法又称为配对检验法，此法以随机顺序同时出示两个样品给评价员，要求评价员对这两个样品进行比较，判断两个样品间是否存在某种差异及其差异大小的一种评价方法。这是最简单的一种感官评价方法，每次检验中每个样品的猜测性（有差别或无差别）概率值为1/2。如果增加检验次数，那么这种猜测性的概率值将达到 $1/2^n$，因此，应尽可能增加实验次数。

差异识别：判断两个样品间是否存在差异。

嗜好检验：要求评价员评定最喜欢哪个样品。

（2）三点检验法。此法同时提供3个样品，其中2个是相同的，要求评价员区别出有差别的那个样品。为使3个样品的排列次序、出现次数的概率相等，可运用以下6组组合：BAA、ABA、AAB、ABB、BAB、BBA。在检验中，6组出现的概率也应相等。每次检验中，每个样品的猜测性的概率值为1/3。如果增加检验次数至 n 次，那么这种猜测性的概率值将达到 $1/3^n$。

（二）类别检验法

类别检验试验中，要求评价员对2个以上的样品进行评价，判定出哪个样品好，哪个样品差以及他们之间的差异大小和差异方向。通过试验可得出样品间差异的排序和大小，或者样品应归属的类别或等级。选择何种方法解释数据，取决于试验的目的及样品数量。常用方法有：分类检验法、评估检验法、排序试验法等。

（1）分类检验法。分类检验法是把样品以随机的顺序出示给评价员，要求评价员在对样品评价后，划出样品应属的预先定义的类别，当样品打分有困难时，可用分类法评价出样品的好坏差别，得出样品的优劣级别。也可以鉴定出样品的缺陷等。

（2）评估检验法。评估检验法是随机地提供一个或多个样品，让评价员在一个或多个指标的基础上进行分类、排序，以评价样品的一个或多个指标的强度，或对产品的偏爱程度。通常根据检验的样品、检验的目的的不同，设计相应的评估检验评价表。

（3）排序试验法。比较数个果蔬样品时，按某一指定质量特征（如强度或嗜好程度）将样品排出顺序的方法称为排序试验法。该法只排出样品的次序，不评价样品间的差异大小。可用于进行消费者接受性调查及确定消费者嗜好顺序，选择或筛选产品，确定由于不同原料、加工工艺、包装等环节造成的对产品感光特性的影响，也可用于更精细的感官检验前的初步筛选。在评价少数样品（6个以下，最好4～5个）的复杂特征（如质地、风味等）或多数样品（20个以上）的外观时，此法迅速而有效。

（三）描述性检验法

描述性检验是评价员对产品的所有品质特性进行定性、定量的分析及描述评价。它要求评价产品的所有感官特性，因此要求评价员除具备人体感知果蔬产品品质特性和次序的能力外，还要具备用适当和正确的词语描述果蔬产品品质特性及其在果蔬产品中的实质含义的能力，以及对总体印象、总体特征强度和总体差异分析的能力。

描述性检验法通常可依定性或定量分为简单描述检验法和定量描述检验法。进行描述性感官检验时，先根据不同的感官检验项目（风味、色泽、组织等）和不同特性的质量描述制定出分数范围，再根据具体样品的质量情况给予合适的分数。

六、感官检验结果的评价

果蔬产品感官检验的实质就是依靠视觉、嗅觉、味觉、触觉和听觉等来鉴定果蔬产品的外观形态、色泽、气味、滋味和硬度（稠度）。不论对何种果蔬产品进行感官质量评价，上述方法总是不可缺少的，并且经常是在理化和微生物检验方法之前进行。

（一）视觉评价

一般情况下，视觉评价在自然光或类似自然光下进行，先检查整体外形及外包装，然后再检查内容物。通过视觉评价，不仅可以判断出产品的质量状况，而且还可以反映出消费者对产品的喜爱或可接受程度。

可以从明度、色调、饱和度 3 个基本属性上来全面地衡量和比较果蔬产品的品质，这样才能准确地判断和鉴别出果蔬产品的质量优劣，以确保购买优质果蔬产品。

（1）明度。指颜色的明暗程度。新鲜果蔬产品通常具有较高的明度，明度降低往往意味着果蔬产品的不新鲜。

（2）色调。指红、橙、黄、绿等不同的各种颜色以及如黄绿、蓝绿等许多中间色。它们是由于果蔬产品分支结构中所含色团对不同波长的光线进行选择性吸收而形成的。色调对于果蔬产品的颜色起着决定性的作用。由于人眼的视觉对色调的变化较为敏感，色调稍微改变对颜色的影响就会很大，有时可以说完全破坏了果蔬产品的商品价值和实用价值。色调的改变可以用语言或其他方式恰如其分地表达出来（如果蔬产品的褪色或变色），这说明在果蔬产品的感官鉴别中，色调有很重要的意义。

（3）饱和度。指颜色的深浅、浓淡程度，也就是某种颜色色调的显著程度。果蔬产品颜色的深浅、浓淡的变化对于感官鉴别而言也是很重要的。

（二）听觉评价

人耳对一个声音的强度或频率的微小变化是很敏感的。利用听觉进行感官检验的应用范围十分广泛。声波是物体振动所产生的一种纵波，必须借助气体、液体或固体的媒介才能传播。频率是指声波每秒振动的次数，是决定音调高低的因素。振幅是决定声音强弱的因素。振幅越大，声音越强。声音的强度以分贝表示。

果蔬产品的质感，特别是咀嚼食品时发出的声音，在决定食品质量和食品接受性方面起着重要作用。同样，当产品的一些成分或结构发生变化后，会导致在外来机械力敲击下声音的变化，据此可以检查许多产品的质量。

（三）嗅觉评价

在果蔬产品生产、检验和鉴定方面，嗅觉起着十分重要的作用。在果蔬检测中，许多方面是无法用仪器和理化检验来代替的，例如，在果蔬产品的风味化学研究中，通常用色谱和质谱将风味各组分定性和定量，但整个过程中的提取、捕集、浓缩等都必须伴随感官检验的嗅觉检查，才可保证试验过程中风味组分无损失。另外，果蔬产品加工原料新鲜度的检查，是否腐败变质而产生异味，新鲜果蔬是否具有应有的清香味等，都有赖于嗅觉的评价。

嗅觉试验最方便的方法就是把盛有嗅味物的小瓶置于离鼻子一定距离的位置，用手掌在瓶口上方轻轻煽动，然后轻轻吸气，让嗅味物气体刺激鼻中的嗅觉细胞，产生嗅觉，以被测样品和标准样品之间的差别来评价嗅觉响应强度。在两次试验之间以新鲜空气作为稀释气体，使鼻内嗅觉气体的浓度迅速下降。

果蔬产品质量嗅觉鉴别方法的注意事项：由于果蔬产品的气味是一些具有挥发性的物质形成的，所以在进行嗅觉鉴别时常需稍稍加热，但最好在 15 ~ 25 ℃ 的常温下进行；果蔬产品气味鉴别的顺序应当是先识别气味淡的，后鉴别气味浓的，以免影响影响嗅觉的灵敏度；在鉴别前禁止吸烟。

（四）味觉评价

味觉是由舌面和口腔内味觉细胞产生的，基本味觉有酸、甜、苦、咸四种，其余味觉都是由基本味觉组成的混合味觉。一般味觉在舌尖部，两边敏感，中间和舌根部较迟钝。味觉的敏感度以及味觉产生的时间及维持时间，与温度及呈味物质的溶解度有关。接近舌温（30 ℃ 左右）时，味觉最敏感，高于或低于此温度，味觉都有所减弱。味觉一直是人类对食物进行辨别、挑选和决定是否接受的主要因素之一。味觉在感官评价上占据有重要地位。进行味觉评价前，评价员不能吸烟或吃刺激性强的食品，以免降低感官的灵敏度。评价时，取少量被检食品，放入口中，细心咀嚼、品尝，然后吐出，用温水漱口，再检验第二个样品。在进行果蔬产品的滋味鉴别时，最好使果蔬产品处在 20 ~ 45 ℃。几种不同味道的果蔬产品在进行感官评价时，应当按照刺激性由弱到强的顺序，最后鉴别味道强烈的果蔬产品。在进行大量样品鉴别时，中间必须休息。每鉴别一种果蔬产品之后必须用温水漱口。

（五）触觉评价

触觉的感官评价主要是通过人的手、皮肤表面接触物体时所产生的感觉来分辨、判断产品质量特性的一种感官评价。进行触觉评价时，通过手触摸果蔬产品，对产品的质量特性，如产品表面的粗糙度、光滑度、软硬、柔软、弹性、韧性、塑性、冷热、潮湿、干燥、黏稠等，做出评价。而且往往与视觉、听觉配合进行。在分辨物品表面的冷热程度时，气温和检查场所的环境温度、检查者的体温等，都干扰温度觉产生感觉误差。人体自身的皮肤（手指、手掌）是否光滑，对分辨物品表面的粗糙、光滑、细致程度也有影响。

进行感官检验时，通常先进行视觉检验，再进行嗅觉检验，然后进行味觉检验及触觉检验。

（六）口感评价

果蔬产品的口感是指果蔬通过口腔（牙齿的咀嚼，与口腔、舌面接触及机械摩擦的过程）所产生的物理性感觉，如感受果蔬产品的硬度、酥性、脆性、韧性、润滑感、冷感、热感、细腻感、咀嚼性等。所以口感实际上是果蔬产品的某种质量特征在人的口腔内产生的综合感觉。

（七）感官评价的基本要求

果蔬产品的感官检验是以人的感觉为基础，通过感官评价果蔬产品的各种属性后，再经概率统计分析而获得客观的检测结果的一种检验方法。评价过程不仅受客观条件的影响，也受主观条件的影响。因此，外部环境条件、参与检验的评价员和样品制备是感官评价得以顺利进行并获得理想结果的三个必备要素。

（1）感官实验室的要求。果蔬产品感官鉴别既可以在实验室进行，又可以在购物现场进行，还可以在评比、鉴定会场进行。感官检验实验室的要求是隔音和整洁，不受外界干扰，无异味，具有令人心情舒畅的工作环境，有利于注意力集中，室内墙壁适宜用白色涂料。室内应分隔成几个间隔，每一间隔内设有检验台和传递样品的小窗口，并设有简易的通讯装置，检验台上装有漱洗盘和水龙头，用来冲洗品尝后吐出的样品。另外，根据感官检验的特殊要求，实验室应有三个独立区域，即样品准备室、检验室和集中工作室。

（2）检验人员的选择。偏爱型感官检验和分析型感官检验对检验人员的要求是不同的。偏爱型感官检验的检验人员的任务是对果蔬产品进行可接受性评价，检验员可由任意的未经训练的人组成，人数不少于100人，这些人必须在统计学上能代表消费者总体，以保证试验结果的代表性和可靠性。分析型感官检验的检验人员的任务是鉴定果蔬产品的质量，检验人员必须具备一定的条件，并经过挑选测试。

（3）样品的准备。

① 样品数量。每种样品应该有足够的数量，保证有 3 次以上的品尝次数，以提高结果的可靠性。

② 样品温度。通常由该果蔬产品的饮食习惯而定。

③ 样品容器。盛装样品的器皿应洁净无异味，容器的颜色、大小应一致。如条件允许，尽可能使用一次性器皿。

④ 样品的编号和提供顺序。感官检验是靠主观感觉判断的，从测定到形成概念之间的许多因素（如嗜好与偏爱、经验、广告、价格等）都会影响评价的结果，为减少这些因素的影响，通常采用双盲法进行检验。即由工作人员对样品进行密码编号，样品的编号位数不能太少，否则容易记忆，也容易猜测到，应该为多位数（3~5 位）随机编号。检验样品的顺序也应随机化。

（4）实验时间的选择。感官检验宜在饭后 2~3 h 进行，避免过饱或饥饿状态。要求检验员在检验前 0.5 h 内不得吸烟，不得吃刺激性强的食物。

七、感官检验后果蔬产品的食用或处理原则

鉴别和挑选果蔬产品时，遇到明显变化者，应当立即做出能否供给食用的确切结论。对于感官变化不明显的果蔬产品，尚需借助理化指标和微生物指标的检验，才能得出综合性的鉴别结论。因此，通过感官鉴别之后，特别是对有疑虑和争议的果蔬产品，必须再进行实验室的理化和细菌检验，以便辅助感官鉴别。果蔬产品的食用或处理原则是在确保人的身体健康的前提下，尽量减少经济损失，做到物尽其用。具体方式通常有以下四种：

（1）正常果蔬产品。经过检验和鉴别的食品，其感官性状正常，符合国家卫生标准，可以食用。

（2）无害化果蔬产品。果蔬产品在感官检验时发现某些问题，对人体健康有一定危害，但经过适当处理后，可以被控制或清除，其危害不再会影响到食用者健康，如高温加热、加工复制等。

（3）条件可食的果蔬产品。有些果蔬产品在感官鉴别后，需要在特定的条件下才能供人食用。如有些已接近保质期的果蔬产品，必须限制出售和限制供应对象。

（4）危害健康的果蔬产品。在果蔬感官检验鉴别过程中发现对人体健康有严重危害的果蔬产品，严禁食用；但可充分利用其经济价值，同时必须保证其不扩大蔓延，并对接触者安全无危害，如作工业使用。但对严重危害人体健康且不能保证安全的果蔬产品，必须在有关人员的严格监督下毁弃。

八、感官检验数据的统计分析

感官检验是靠检验者的主观感觉来判断的，容易受主观感觉上的个体差异的影响，因而对同一样品不同的检验人员常会得出不同的结果，即使同一检验员，对同一样品在重复检验中也可能会得出不同的结果。为了使评判结论尽量接近于样品的真实情况，除了要严格控制检验条件外，还需对所得的感官检验数据进行统计分析。

（一）差别检验法的数据处理

差别检验的数据可通过查表法得出概率值 p，再与显著性水平（一般取值0.05）进行比较，从而得出结论。

例：由5名检验员用两点检验法和对比检验法对两个样品重复检验4次，结果见表3.1。

表3.1　两点检验法和对比检验法检验结果

试验人员	两点检验法		对比检验法	
	不相同	相同	样品1与标样不同	样品2与标样不同
1	2	2	4	4
2	3	1	3	2
3	3	1	3	2
4	3	1	3	1
5	4	0	3	2
总数	15	5	16	11

分析：两点检验法：总次数 $n = 15 + 5 = 20$，不相同次数 $x = 15$，查统计概率表，$n = 20$，$x = 15$ 时，$p = 0.021 < 0.05$，所以两个样品之间存在显著差别。

对比检验法：查统计概率表，$n = 20$，$x = 11$ 时，$p = 0.412 > 0.05$；$n = 20$，$x = 16$ 时，$p = 0.006 < 0.05$。

所以样品1与标样之间存在显著差别，而样品2与标样之间无显著差别。

（二）排序检验法的数据处理

排序检验法得到的数据可采用查表法和应用 x^2 分布表进行统计分析。

例：用排序检验法，由 5 名评价员对 5 种葡萄酒的风味进行喜欢程度的评价。每个评价员通过对 5 种葡萄酒的品尝进行嗅觉及味觉的评价，根据个人的感受填写排序检验评价表，见表 3.2。并将各排序检验评价表的结果进行统计，填写排序检验统计表，见表 3.3。

表 3.2   排序检验评价表

评价内容	评价结果				
品尝并评价 5 种葡萄酒样品，将您对各个葡萄酒样品的风味的喜欢程度排出顺序，在相应的位置填入样品号	1	2	3	4	5
	很喜欢	比较喜欢	喜欢	不太喜欢	不喜欢

表 3.3   5 种葡萄酒喜欢程度的排序检验统计表

样品排序 评价结果 评价员	503	145	267	384	465
1	2	1	4	2	5
2	1	2	4	3	5
3	2	1	5	1	4
4	1	2	4	3	5
5	1	3	5	2	4
总排序和 T	7	12	22	11	22

根据上面表格的结果，评价员数量为 5 和样品数量为 5，查排序法检验表，得出的临界值见表 3.4。

表 3.4 $J = 5$、$p = 5$ 时的临界值表

显著性水平	5%	1%	显著性水平	5%	1%
上段	8~22	7~23	下段	10~20	8~22

分析：将每个样品的排序和 T 与上段的最大值及最小值比较（见表 3.3），若所有的排序都在上段范围内，说明在该显著性水平样品间无显著差异。若排序 $T <$ 最小值或 $T >$ 最大值，则说明在该显著性水平样品间有显著差异。

从表 3.4 中得出：最小 $T < 8$（5%），最大 $T = 22$（5%），说明在 5%显著性水平，5 个葡萄酒样品间有显著性差异。

根据下段，可以确定样品间的差异程度。若排序和在下段范围内的，可以列为一组，这样的样品间无显著差异。排序和在下段范围的下限以下或上限以上的样品可分为一组。这样，5 个葡萄酒样品可分为 3 组：(503),(145、384)、(267、465)。

由此可得出结论：在 5% 的显著性水平上，样品 503 最受欢迎；145、384 次之，且 145 与 384 样品间无显著差别；267、465 不受欢迎，且 267 与 465 之间无显著差别。

第二节 果蔬检验规则及感官鉴别步骤

一、果蔬检验规则

依照 GB8855—2008《新鲜水果和蔬菜的取样方法》进行检验。

（一）适用范围

本标准规定了新鲜水果和蔬菜的取样方法，适用于新鲜水果和蔬菜的取样。

（二）组批规则

（1）合同货物。以指定合同或货运清单为准发送或接收的货物数量，可以由一批或多批货物组成。

（2）批量货物。数量确定、品质均匀一致（同一品种或同一种类，成熟度相同，包装一致等）的货物，属于合同货物中的某一批。

（3）抽检货物。从批量货物中的不同位置和不同层次随机抽取的少量货物。多个抽检货物取样量应大致相同。

（4）混合样品。将多个抽检货物混合后得到的样品。如果条件适宜，可以从一批特定的批量货物中抽取抽检货物混合获得。

（5）缩分样品。混合样品经缩分而获得对该批量货物具有代表性的样品。

（6）实验室样品。送往实验室进行分析或其他测试的，从混合样品或缩分样品中获得的一定量的、能够代表批量货物的样品。

（三）取样的一般要求

（1）对采集的样品不论是进行现场常规鉴定还是送实验室做品质鉴定，一般要求随机取样。在某些特殊情况下，如为了查明混入的其他品种或任意类型的混杂，允许进行选择取样。取样之前要明确取样的目的，即明确样品鉴定性质。

（2）采集的货物样品，应能充分代表该批量货物的全部特征。从样品中剔除损坏的部分（箱、袋等），损坏和未损坏部分的样品分别采集。

（3）取样结束应填写取样报告。

（四）取样方法

（1）批量货物的取样准备。批量货物取样要求及时，每批货物要单独取样。如果在运输过程中发生损坏，则其损坏部分（盒子、袋子等）必须与完整部分隔离，并进行单独取样。如果认为货物不均匀，除贸易双方另行磋商外，应当把正常部分单独分出来，并从每一批中取样鉴定。

（2）抽检货物的取样准备。抽检货物要从批量货物的不同位置和不同层次进行随机取样。

① 包装产品。对有包装的产品（木箱、纸箱、袋装等），按照表 3.5 进行随机取样。

② 散装产品。与货物的总量相适应，每批货物至少取 5 个抽检货物。散装产品抽检货物总量或货物包装的总数量按照表 3.6 抽取。在蔬菜或水果个体较大情况下（大于 2 kg/个），抽检货物至少由 5 个个体组成。

表 3.5　包装产品抽检货物的取样件数

批量货物中同类货物件数	抽检货物的取样件数
≤100	5
101～300	7
301～500	9
501～1 000	10
>1 000	15（最低限度）

表 3.6　散装产品抽检货物的取样量

批量货物的总量（kg）或总件数	抽检货物总量（kg）或总件数
≤200	10
201～500	20
501～1 000	30
1 001～5 000	60
>5 000	100（最低限度）

（3）混合样品或缩分样品的制备。混合样品必须集合所有抽检货物样品，尽可能将样品混合均匀；缩分样品通过缩分混合样品获得。对混合样品或缩分样品，应当现场检测。为了避免受检样品的性状发生某种变化，取样之后应当尽快完成检验工作。

（4）实验室样品的数量。实验室样品的取样量根据实验室检测和合同要求执行，其最低取样量见表 3.7。

（5）实验室样品的包装和处理。

①　包装。不能现场检测的实验室样品，应进行很好的包装，以确保样品的完好性状，同时盛装实验室样品的容器应该密封好。

②　标识。转送实验室检验的样品必须做好标识（标签），标识要牢固、字迹要清楚。标识要包括以下内容：产品名称、种类、品种、质量等级；发货人姓名；取样地点；取样日期；对易腐烂产品，要另注明取样时间；样品的识别标记或批号（成批货物或样品要有发货记录、车辆号、起运仓库）；取样报告号；取样人姓名和签字；要求检测的项目。

③　发货和储存。包装好的实验室样品应该在规定的时限内尽快发货并运送到目的地。实验室样品的储存和运输条件应避免产品发生任何变化。取样后，实验室样品在送到检测实验室后应尽快开始检验。

表 3.7　实验室样品的取样量

产品名称	取样量
小型水果、核桃、扁桃、板栗、毛豆、豌豆以及以下其他未列蔬菜	1 kg
樱桃、黑樱桃、李子	2 kg

续表 3.7

产品名称	取样量
杏子、香蕉、木瓜、柑橘类水果、桃、苹果、梨、葡萄、大蒜、茄子、甜菜、黄瓜、结球甘蓝、卷心菜、块根类蔬菜、洋葱、萝卜、番茄、甜椒	3 kg
南瓜、西瓜、甜瓜、菠萝	5 个个体
大白菜、花椰菜、莴苣、红甘蓝	10 个个体
甜玉米	10 个
捆装蔬菜	10 捆

（6）取样报告。取样报告须编号，并应附在样品包装容器内或随同样品一起转运。

二、果品类感官鉴别

鲜果品的感官鉴别方法主要是目测、鼻嗅和口尝。

其中目测包括三个方面的内容：① 看果品的成熟度和是否具有该品种应有的色泽及形态特征；② 看果型是否端正，个头大小是否基本一致；③ 看果品表面是否清洁新鲜，有无病虫害和机械损伤等。鼻嗅则是辨别果品是否带有本品种所特有的芳香味，有时候果品的变质可以通过其气体的不良改变直接鉴别出来，如坚果的哈喇味和西瓜的馊味等，都是很好的例证。口尝不但能感知果品的滋味是否正常，还能感觉到果肉的质地是否良好，它也是很重要的一个感官指标。

干果品虽然较鲜果的含水量低或是经过了干制，但其感官鉴别的原则与指标基本上和前述三项大同小异。

（一）鉴别苹果的质量

有些人在选购苹果时喜欢挑又红又大的，其实这样的苹果不一定是上品，也不一定能合乎自己的口味。现仅将几类苹果所具有的感官特点介绍如下，以供参考。

（1）一类苹果：主要有红香蕉（又叫红元帅）、红金星、红冠、红星等。

表面色泽：色泽均匀而鲜艳，表面洁净光亮，红者艳如珊瑚、玛瑙，青者黄里透出微红。气味与滋味：具有各自品种固有的清香味，肉质香甜鲜脆，味美可口。外观形态：个头以中上等大小且均匀一致为佳，无病虫害，无外伤。

（2）二类苹果：主要有青香蕉、黄元帅（又叫金帅）等。

表面色泽：青香蕉的色泽是青色透出微黄，黄元帅色泽为金黄色。气味与滋味：青香蕉表现为清香鲜甜，滋味以清心解渴的舒适感为主；黄元帅气味醇香扑鼻，滋味酸甜适度，果肉细腻而多汁，香润可口，给人以新鲜开胃的感觉。外观形态：个头以中等大且均匀一致为佳，无虫害，无外伤，无锈斑。

（3）三类苹果：主要有国光、红玉、翠玉、鸡冠、可口香、绿青大等。

表面色泽：这类苹果色泽不一，但具有光泽，洁净。气味与滋味：具有各自品种固有的香气，国光滋味酸甜稍淡，吃起来清脆，而红玉及鸡冠，颜色相似，苹果酸度较大。外观形态：个头以中上等大且均匀一致为佳，无虫害，无锈斑，无外伤。

（4）四类苹果：主要有倭锦、新英、秋花皮、秋金香等。

表面色泽：这类苹果色泽鲜红，有光泽，洁净。气味与滋味：具有各自品种固有的香气，但这类苹果纤维量高，质量较粗糙，甜度和酸度低，口味差。外观形态：一般果形较大。

（二）鉴别梨的质量

（1）良质梨。果实新鲜饱满，果形端正，因各品种不同而呈青、黄、月白等颜色，成熟适度（八成熟），肉质细，质地脆而鲜嫩，石细胞少，汁多，味甜或酸甜（因品种而异），无霉烂、冻伤、病灾害和机械损伤。大型果（莱阳梨、雪花梨）果实横径 65～90 mm，中型果（鸭梨、长把梨）果实横径 60 mm以上，小型果（秋白梨）果实横径 55 mm 以上，并且各品种的优质梨果个大小都比较均匀适中，带有果柄。

（2）次质或劣质梨。果型不端正，有相当数量的畸形果，无果柄，果实大小不均匀且果个偏小，表面粗糙不洁，刺、划、碰、压伤痕较多，病斑或虫咬伤口、树磨、水锈或干疤占果面 1/3～1/2，果肉粗而质地差，石细胞大而多，汁液少，味道淡薄或过酸，有的还会存在苦、涩等滋味，特别劣质的梨还可嗅到腐烂异味。

（三）鉴别柑橘的质量

柑橘类果品中经济价值较高的有柑、橘、甜橙、柚、柠檬、金桔等。以下仅就这六类柑橘的感官特点分别作介绍。

（1）柑。其感官特点是外观果形较桔子大，且近似于球形，皮为橙黄色，皮质粗厚，表面凹凸不平，而且不易剥开，枯络较多，瓣汁多而味甜，核为白色，种仁为绿色。

（2）橘。其感官特点是果型小而较扁，皮呈米红色或橙黄色，皮质细薄，较平滑且无坚硬感，瓣与皮容易剥离，果心不实，枯络较少，滋味酸甜，核尖而细。在我国以温州蜜橘为上品。

（3）甜橙。又名广柑，其感官特点是果形中等，呈圆形或椭圆形，皮稍厚且光滑润泽，皮与果肉结合较紧，难以剥离，果心无实，核与种均呈白色（这一点和皮的光滑程度是外部区别甜橙与柑的主要依据），果肉汁多，瓣瓣界限不分明，味酸甜适口，耐储藏。在我国以红江橙为上品。

（4）柚。又名文旦，其感官特点是果形较大，呈不规则圆球或梨形，似葫芦状，皮质粗糙且肥厚（可达 1 cm），皮与肉难以分离，成熟时多为黄色或橙色，肉质有白色和粉红色两种，核大而多，汁液少，味酸甜，有时也会稍带苦味，极耐储藏。在我国以沙田柚为上品。

（5）柠檬。其感官特点是个头中等，果形椭圆，两端均突起而稍尖，似橄榄球状，皮肉难以剥离，成熟者皮色鲜黄，具有浓郁的香气，汁液较酸，主要供冲调饮料时调味用，也可用来提取芳香油和柠檬酸。

（6）金桔。其感官特别是形体小，稍呈椭圆，果实个头与核桃相仿，肉质紧密，与外皮不易剥离，一般都带皮食用，核少或无核，颜色由表到里均为橙黄或金黄色，味酸甜，口感细脆，脉络极少，带有柑橘类特有的清香味。

（四）鉴别香蕉的质量

（1）良质香蕉。托柄完整，无缺口和脱落现象。果个：体形大而均匀，每公斤在 25 只以下。果色：色泽新鲜、光亮，果皮呈鲜黄或青黄色。果面：果面光滑，无病斑，无虫疤，无霉菌，无创伤；果皮易剥离，果肉稍硬而不摊浆。口感：果肉柔软糯滑，香甜适口，不涩口，无怪味，不软烂。

（2）次质香蕉。果形：果实细窄而不丰满，果形一般，单只蕉体直而细，无托柄，蕉梳上脱只不整。果个：果个小而不均，每公斤都在 25 只以上。果色，色泽青暗，果皮呈青绿色或发黑。果面：果皮不光洁、不整齐，有病虫害或机械伤口，有霉斑；果皮极易剥离，果肉瘫软呈腐烂状，成熟度不够的果皮不易剥离。口感：果肉硬挺或软烂，涩味重，无香味。手感：用手捏蕉体，可感到果实肉硬或软陷。

（3）劣质香蕉。果实畸形，蕉只脱梳，单只蕉体短小而细瘦，形体大小不均，果皮霉烂，手捏时果皮下陷，果肉软烂或腐烂，稀松外流，无香味，有怪异味和腐臭味。

（4）香蕉与芭蕉的区别。

香蕉和芭蕉同属于芭蕉科芭蕉属，是一个家族中的两个品种，可从外形、色泽和滋味几方面区别。

① 外形。香蕉外形弯曲呈月牙状，果柄短，果皮上有 5~6 个棱；芭蕉的两端较细，中间较粗，一面略平，另一面略弯，呈圆缺状，其果柄较长，果皮上有 3 个棱。

② 色泽。香蕉未成熟时为青绿色，成熟后转为黄色，并带有褐色斑点，俗称梅花点，果肉呈黄白色，横断面近似圆形；芭蕉果皮呈灰黄色，成熟后无梅花点，果肉呈乳白色，横断面为扁圆形。

③ 滋味。香蕉香味浓郁，味道甜美；芭蕉的味道虽甜，但回味带酸，其食用价值低于香蕉。

（五）鉴别菠萝的质量

目前世界上的菠萝品种可归纳为：皇后种、卡因种、西班牙种、爪哇种和杂交种五大类。其中，以美国的无刺卡因（又称沙捞越）为最佳。感官鉴别菠萝品质的优劣可以依据下列特点进行：

（1）外观形态。果呈圆柱形或两头稍尖的卵圆形，果实大小均匀适中，果形端正，芽眼（果目）数量少。成熟度好的菠萝外表皮呈淡黄色或亮黄色，两端略带青绿色，上顶的冠芽呈青褐色。生菠萝则外皮色泽铁青或略有褐色，过度成熟的菠萝通体金黄。

（2）果肉组织。切开后，可见良质菠萝的果目浅而小，内部呈淡黄色且组织致密，果肉厚而果芯细小；劣质菠萝果目深而多，有的果目可深达菠萝芯，内部组织空隙大，果肉薄而果芯粗大，成熟度差的菠萝表现为果肉脆硬且呈白色。用手轻轻按压菠萝体，坚硬而无弹性的是生菠萝，挺括而微软的是成熟度好的，过陷甚至凹陷者为成熟过度的菠萝。

（3）嗅闻香味。成熟度好的菠萝外皮上稍能闻到香味，果肉则香气馥郁。生菠萝无香气或香气极为淡薄。

（4）品尝口味。良质菠萝软硬适度，酸甜适口，果芯小且纤维少，汁多味美。劣质菠萝果肉脆硬，有粗纤维感或者软烂，可食部分少，汁液、甜味和香气均少，有较浓重的酸味。

（六）鉴别柚子的质量

柚子的质量可以从以下几个方面去鉴别：

（1）外形。要挑选扁圆形、颈短的柚子为好。颈长的柚子，囊肉小，显得皮多。沙田柚的底部，有着淡褐色的金线圈，这个圈的条纹越明显，则品质越好。

（2）皮色。表皮细洁，表面油细胞呈半透明状态，甚至淡黄或橙黄的，说明柚子的成熟度好，汁多味甜。

（3）重量。同样大小的柚子，要挑选分量重的。用力按压时，不易按下的，说明囊内紧实，质量好。如果个体大而分量轻的，则皮厚肉少。

（七）鉴别甘蔗的质量

市场上常见的甘蔗有紫皮和黄皮两种。其中，黄皮甘蔗杆细而节短，肉质紧固粗硬，含糖分高，一般用于榨糖；紫皮甘蔗多作为水果供人生食。冬春之交南果北运而来的甘蔗，由于采收时成熟度低，加之长途运输的温度高、湿度大、通风不良等原因，最易霉变，误食后多会引发中毒。

（1）外观形态。良质甘蔗茎杆粗硬光滑，端正而挺直，富有光泽，表面呈紫色，挂有白霜，表面无虫蛀孔洞。劣质或霉变甘蔗常常表面色泽不鲜，外观不佳，节与节之间或小节上可见虫蛀痕迹。

（2）果肉组织。良质甘蔗剥开后可见果肉洁白，质地紧密，纤维细小，富含蔗汁。劣质甘蔗纤维粗硬，汁液少，有的木质化严重或结构疏松。霉变甘蔗纵剖后，剖面呈灰黑色、棕黄色或浅黄色，轻微霉变者在纵向的纤维中可见夹杂有粗细不一的红褐色条纹。

（3）气味、滋味。良质甘蔗汁多且甜，有清爽气息。霉变甘蔗往往有酸霉味及酒糟味。

（八）鉴别荔枝的质量

要想买到肉质白润、细嫩、香甜、多汁的荔枝，可以采用以下方法：

（1）眼看。果皮新鲜、红润，果柄鲜活不萎，果肉饱满透明的，则是上品。若果皮呈黑褐色或黑色，但汁液未外渗的，则是快变质的荔枝。如果果肉松软，液汁外渗的，说明已经变质腐烂了。

（2）手触。用手微按果实，感觉果质有弹性的，则是上品；如果感觉松软，则说明已经变质。

（3）品尝。肉质滑润软糯，汁多味甜，香气浓郁，核小者为上品，如果肉质薄，汁少，味不甚甜，香气平淡的则质量低劣。

（4）闻气味。闻之有甜香味的为上品，闻之有酒味的，说明已经变质了。

鉴别荔枝干的质量：荔枝干又名丹荔，是用新鲜荔枝熔制成的干果。产于广东、广西、福建、台湾等省，其中以广东产量最多，质量最好。质量好的荔枝干，色泽鲜艳、肉质肥厚、壳薄核小、滋味香甜。如果大小不一，破壳者多，且附有杂质的，则是低劣产品。荔枝干是一种滋补品，有养肝血、补心肾、止烦止渴等功效。平时以生食为主；如果用水炖食，其味变酸，较难食下。

（九）鉴别葡萄的质量

葡萄的品种很多，我国现有 500 种以上，市场上常见的品种有龙眼葡萄、巨丰葡萄、玫瑰香葡萄、牛奶葡萄、玫瑰露葡萄、无核白葡萄、黑鸡心葡萄、红鸡心葡萄、香葡萄、小白玫瑰葡萄等。在对葡萄进行感官鉴别时，必须注重以下几个方面：

（1）表面色泽。新鲜的葡萄果梗青鲜，果粉呈灰白色，玫瑰香葡萄果皮呈紫红色，牛奶葡萄果皮向阳面呈锈色，龙眼葡萄果皮呈琥珀色。不新鲜的葡萄果梗霉锈，果粉残缺，果皮呈青棕色或灰黑色，果面润湿。

（2）果粒形态。新鲜并且成熟适度的葡萄，果粒饱满，大小均匀，青子和瘪子较少。反之不新鲜者果粒不整齐，有较多青子和瘪子混杂，葡萄成熟度不足，品质差。

（3）果穗观。新鲜的葡萄用手轻轻提起时，果粒牢固，落子较少。如果果粒纷纷脱落，则表明不够新鲜。

（4）气味、滋味。品质好的葡萄，果浆多而浓，味甜，且有玫瑰香或草莓香，品质差的葡萄果汁少或者汁多而味淡，无香气，具有明显的酸味。

二、蔬菜类感官鉴别

蔬菜有种植和野生两大类，其品种繁多而形态各异。我国主要蔬菜种类有80 多种，按照蔬菜食用部分的器官形态，可以将其分成根菜类、茎菜类、叶菜类、花菜类、果菜类和食用菌类六大类型。

从蔬菜色泽看，各种蔬菜应具有本品种固有的颜色，大多数有发亮的光泽，以此显示蔬菜的成熟度及鲜嫩程度。除杂交品种外，别的品种都不能有其他因素造成的异常色泽及色泽改变。从蔬菜气味看，多数蔬菜具有清馨、甘辛香、甜酸香等气味，可以凭嗅觉识别不同品种的质量，不允许有腐烂变质的亚硝酸盐味和其他异常气味。从蔬菜滋味看，因品种不同而异，多数蔬菜滋味甘淡、甜酸、清爽鲜美，少数具有辛酸、苦涩等特殊风味以刺激食欲。如果失去本品种原有的滋味即为异常，但改良品种应该除外，例如，大蒜的新品种就没有"蒜臭"气味或该气味极淡。从蔬菜的形态看，主要描述由于客观因素而造成的各种蔬菜的非正常、不新鲜状态，如焉萎、枯塌、损伤、病变、虫害浸染等引起的形态异常，并以此作为鉴别蔬菜品质优劣的依据之一。

（一）鉴别根菜类的质量

凡是以肥大的肉质直根为食用部分的蔬菜都属于根菜类。这类蔬菜的特点是耐储耐运，并含有大量的淀粉或糖类，是热能很高的副食品，除作蔬菜食用外还可以作为食品工业原料来进一步加工。根菜类主要品种包括萝卜、胡萝卜、根用芥菜、芜菁等。

1. 萝 卜

① 春小萝卜。为长圆柱形的小型萝卜，多于早春风障阳畦或春露地中栽培，春末夏初上市。小萝卜的肉为白色，质细，脆嫩，水分多，皮色分红白两种，上市时多带缨出售。

良质萝卜：色泽鲜嫩，大小均匀，捆扎成把，不带须根，肉质松脆，不抽苔，不糠心，不带黄叶、枯叶和烂叶。次质萝卜：色泽鲜嫩，肉质松脆，不抽苔，不糠心，大小不均匀，混扎成捆，有黄叶、枯叶。劣质萝卜：大小不均匀，抽苔或糠心，有黄叶、烂叶，弹击时有弹性和空洞感。

② 秋大萝卜。多为大型或中型种，这类萝卜品质好，耐储藏，用途多，为萝卜生产最重要的一类。

良质萝卜：色泽鲜嫩，肉质松脆多汁，肉质根粗壮，大小均匀，饱满而无损伤，表皮光滑而不开裂，不糠心、不空心、不黑心，无泥沙，无病虫害，弹击时有实心感觉。次质萝卜：肉质松脆多汁，不糠心、不空心、不黑心，无外伤和病虫害，大小不均匀，形状不匀称，表皮粗糙但不开裂。劣质萝卜：大小不均，有损伤，表皮粗糙，有开裂，肉质绵软，可见糠心，弹击时有空心感或弹性。

2. 胡萝卜

在我国，胡萝卜的品质以山东、江苏、浙江、湖北和云南诸省种植者为最佳。

良质胡萝卜：表皮光滑，色泽橙黄而鲜艳，体形粗细整齐，大小均匀一致，不分叉，不开裂，中心柱细小，其粗度不宜大于肉质根粗的四分之一，质脆、味甜，无泥土、无伤口、无病虫害。次质胡萝卜：质脆、味甜、中心柱小，粗壮但不整齐，大小不均，无泥、无伤口、不开裂、无病虫害，表皮粗糙，皮目（凹陷的小点痕迹）较大。劣质胡萝卜：萝卜体形细小，大小不一，表皮粗糙，有分叉或八脚，有伤口或开裂，带有明显的病虫害，中心柱大，趋于木质化。

（二）鉴别茎菜类的质量

茎菜类蔬菜供人食用的主要部分是茎部。茎分为地上茎（莴笋、石刁柏、竹笋、榨菜、苤蓝等）和地下茎（马铃薯、姜、菊芋等）。这类蔬菜中的莴笋、石刁柏、竹笋以新鲜的嫩茎供人食用，久放则易老化，品质变差，可以加工成罐头储藏；而马铃薯、姜、菊芋等耐储存，可以全年供应。

1. 莴　笋

莴笋的学名叫"茎用莴苣"，俗称有莴笋、青笋、生笋等，为菊科莴苣属植物。

良质莴笋：色泽鲜嫩，茎长而不断，粗大均匀，茎皮光滑不开裂，皮薄汁多，纤维少，无苦味及其他不良异味，无老根、无黄叶、无病虫害、不糠心、不空心。次质莴笋：叶萎蔫松软，有枯黄叶，茎皮厚，纤维多，带老根，有泥土。劣质莴笋：茎细小，有开裂或损伤折断现象，糠心或空心，纤维老化粗硬。

2. 马铃薯

马铃薯又叫山药蛋、土豆、洋芋、洋山芋等，它既是蔬菜又是粮食，为世界五大食用作物之一。马铃薯的味道适口，营养丰富，淀粉含量高，是蔬菜中能够供给人体热量最多的品种之一。将马铃薯与其他食品混食，还有提高营养价值的作用。

良质马铃薯：薯块肥大而匀称，皮脆薄而干净，不带毛根和泥土，无干疤和糙皮，无病斑，无虫咬和机械外伤，不萎蔫、不变软，无发酵酒精气味，薯块不发芽，不变绿。次质马铃薯：与良质者相比较，薯块大小不均匀，带有毛根或泥土，并且混杂有少量带疤痕、虫蛀或机械损伤的薯块。劣质马铃薯：薯块小而不均匀，有损伤或虫蛀孔洞，萎蔫变软，发芽或变绿，并有较多的虫害、伤残薯块，有腐烂气味。

3. 姜

姜又叫生姜、鲜姜，它具有特殊的辛辣味和香味，具有提味、刺激食欲、帮助消化的作用，是日常生活中不可缺少的调味品，同时它也是一种重要的药材。姜可分成片姜、黄姜和红爪姜三种。片姜外皮色白而光滑，肉黄色，辣味强，有香味，水分少，耐储藏。黄姜皮色淡黄，肉质致密且呈鲜黄色，芽不带红，辣味强。红爪姜皮为淡黄色，芽为淡红色，肉呈蜡黄色，纤维少，辣味强，品质佳。

良质姜：姜块完整、丰满结实，无损伤，辣味强，无姜腐病，不带枯苗和泥土，无焦皮、不皱缩、无黑心、无糠心现象，不烂芽。次质姜：姜块不完整，较干瘪而不丰满，表皮皱缩，带须根和泥土。劣质姜：有姜腐病或烂芽，有黑心、糠心，芽已萌发。

（三）鉴别叶菜类的质量

叶菜类蔬菜的种类很多，是市场上供应的主要蔬菜。主要品种包括大白菜、小白菜、甘蓝、菠菜、芹菜、葱、韭菜、茴香、芫荽等。这类蔬菜的叶片肥大、鲜嫩，含水量较多，多作鲜食，也可加工腌制。

1. 大白菜

大白菜又叫结球白菜，是我国的特产。在北方地区，大白菜曾经是一种一季吃半年的蔬菜，在整个蔬菜生产和供应中都占有重要位置。按照大白菜成熟的早晚，可将其分成早熟、中熟、晚熟三种。早熟种：一般棵较小，叶片色淡黄，叶肉薄，纤维含量少，味淡汁多，品质中等。中熟种：一般棵较大，叶片厚实。晚熟种：棵大，叶片肥厚，组织紧密，韧性大，不易受伤，耐储藏，品质好。

根据上市时间的早晚，大白菜又可分为贩白菜和窖白菜，对两者的质量要求有所差别。

（1）贩白菜。贩白菜属于早熟品种的白菜，其特点是叶白嫩而宽大，包头、实心、含水量大、不耐储藏，因此，收获后需及时上市出售，故名贩白菜。贩白菜的农家品种有翻心白、翻心黄、拧心白、抱头白等。

良质贩白菜：色泽鲜爽，外表干爽无泥，外形整齐，大小均匀，包心紧实，用手握捏时手感坚实，根削平、无黄叶、无枯老叶、无烂叶，菜心不腐烂，无机械损伤，无病虫害。次质贩白菜：包心紧实，用手握有充实感，根削平，无烂叶、无病虫害、菜心不腐烂，外形不整齐，大小不等或有少量损伤，整理不干净，有泥土或带黄叶、枯叶、老叶。劣质贩白菜：包心不实，手握时菜内有空虚感，外形不整洁，有机械损伤，根部有泥土或有黄叶、老叶、烂叶，有病虫害或菜心腐烂。

（2）窖白菜。窖白菜多为中、晚熟品种的青帮菜，其特点是包心实、叶色绿、耐储藏。其主要农家品种有小青口、大青口、青白口、核桃纹、抱头青、拧心青等，曾是北方地区冬春供应的主要蔬菜。

良质窖白菜：叶色深绿，表面干爽无泥，根削平，无黄叶、无烂叶，允许保留4~5片较老的绿色外叶，外形整齐，棵体大小均匀，无软腐病，无虫害，无机械损伤，菜心不失水干缩。次质窖白菜：叶色深绿，干爽，根削平，无烂叶，无软腐病、无虫害、无机械伤，菜心不干，外观不整洁，棵体大小不匀或带有泥土、黄叶等。劣质窖白菜：包心不实，成熟度在"八成心"（八成熟）以下，外形不整，大小不一，根部有泥土，菜体有黄叶、烂叶，外叶有软腐病或机械损伤。

成熟度要求：一级窖白菜的成熟度达到"八成心"即可，"心口"过紧（充分成熟）反而不利于储藏。水分含量要求：菜体鲜嫩或经过适当的晾晒，晾晒的目的是使外叶（菜帮）散失掉一定的水分，使组织变软，这样可以减少机械损伤，有利于储藏；但晾晒要适度，识别的方法是当菜棵直立时，外叶垂而不折。

2. 甘　蓝

甘蓝，这里是指结球甘蓝，又叫洋白菜、圆白菜、大头菜、卷心菜等。它也是北方寒冷地区的主要菜种之一，在全年蔬菜供应上占有重要位置，尤其是在补充蔬菜淡季供应方面起着很大作用。普通甘蓝按照叶球的形状可分三类：

（1）尖头类型。叶球小而尖，近似牛心形，内茎长，中肋粗，品质中等，多为早熟小型品种。主要品种有小牛心、大牛心等。

（2）圆头类型。叶球呈圆球状，浅绿色，球形圆滑整齐，包心实，品质好，单球重 0.5 ~ 1.5 kg。多为早熟或中熟的中型品种。

（3）平头类型。叶球为扁圆球状，体型大，结球紧实，单球重 1.5 kg 以上。多为晚熟的大、中型品种。

良质甘蓝：叶球干爽，鲜嫩而有光泽，结球紧实、均匀，不破裂，不抽苔，无机械伤，球面干净，无病虫害，无枯烂叶，可带有 3 ~ 4 片外包青叶。次质甘蓝：结球不紧实，不新鲜或失水萎蔫，外包叶变黄或有少量虫咬叶。劣质甘蓝：叶球开裂或抽苔，有机械损伤或外包叶腐烂，病虫害严重，有虫粪。

3. 菠　菜

菠菜又叫赤根菜、鹦鹉菜，因其原产于古代波斯，所以又叫波斯菜。菠菜品质柔嫩，营养丰富，耐寒力甚强，是北方春秋两季补充蔬菜淡季供应的主要品类之一，经速冻冷藏后也可供应春节的细菜需求。

菠菜根据叶形分为圆叶菠菜和尖叶菠菜两种类型。尖叶菠菜叶片狭而薄，似箭形，叶面光滑，叶柄细长。圆叶菠菜叶片大而厚，多萎缩，呈卵圆形或椭圆形，叶柄短粗，品质好。

良质菠菜：色泽鲜嫩翠绿，无枯黄叶和花斑叶，植株健壮，整齐而不断，捆扎成捆，根上无泥，捆内无杂物，不抽苔，无烂叶。次质菠菜：色泽暗淡，叶子软塌，不鲜嫩，根上有泥，捆内有杂物，植株不完整，有损伤折断。劣质菠菜：抽苔开花，不洁净，有虫害叶及霜霉叶，有枯黄叶和烂叶。

4. 葱

葱原产亚洲西部，在我国栽培历史悠久，是北方人喜食的"三辣"蔬菜之一，也是日常生活中必备的调味佳品。葱的叶子鲜美，葱白质地细密，柔嫩洁白，味辛辣而芳香，生食与熟食皆宜。

（1）小葱。

良质小葱：叶色青绿，无枯尖和干枯霉烂的叶鞘，不湿水，葱株均匀，完整而不折断，扎成捆，干净无泥，不夹杂异物，无斑点叶及枯霉叶。次质小葱：粗细不均匀，有折断或损伤，有枯尖，葱体不干净，夹杂泥土。劣质小葱：叶子萎蔫，叶鞘干枯，有枯黄叶，斑点叶及霉烂叶。

（2）大葱。

大葱因上市时间不同而分鲜葱和干葱两种。鲜葱是秋季收获即上市的葱，干葱是经储藏后冬季上市的葱。

① 鲜葱。

良质鲜葱：新鲜青绿，无枯、焦、烂叶，葱株粗壮匀称、硬实，无折断，扎成捆，葱白长，管状叶短，干净，无泥无水，根部不腐烂。次质鲜葱：葱株粗细高矮都不均匀，葱白较短，假茎上端松软，葱心空而不充实。劣质鲜葱：葱株细小，有枯、焦、烂叶，根茎或假茎有腐烂现象，有折断或损伤。

② 干葱。

良质干葱：葱株粗壮均匀，无折断破裂，叶干燥，不霉烂，不抽新叶，葱白无冻害，不腐烂。次质干葱：葱株不均匀，叶潮湿而不干燥，有霉叶，有新叶抽出，但茎杆较为充实。劣质干葱，葱株小，叶霉烂，有冻害并有腐烂现象，新叶抽出，茎心松软。

5. 大 蒜

大蒜和大葱、韭菜是主要的荤辛菜，大蒜的营养丰富，具有特殊的香辛气味，它还含有大蒜素，具有强大的杀菌力，能治疗多种疾病。大蒜头和蒜苗、蒜苔均可供人食用。

（1）蒜苗。

良质蒜苗：叶片鲜嫩青绿（蒜黄为嫩黄色），假茎长且鲜嫩雪白，株棵完整粗壮，无折断，叶片不干枯，无斑点，蒜苗干净而无泥土。次质蒜苗：叶片松软萎蔫，但无枯叶，株棵较纤细，较短，蒜苗不洁净，有泥沙。劣质蒜苗：叶片干枯，带有斑点，株棵不完整，有折断损伤，有烂株或烂叶。

（2）蒜苔（蒜心、蒜毫）。

良质蒜苔：色泽青绿脆嫩，干爽无水，苔梗粗壮而均匀，柔软且基部不老化，苔苞小，不膨大，不带叶鞘，无划苔，无斑点，无病虫害，不腐烂。次质蒜苔：苔梗粗壮，长短不整齐，有划苔或苔梗上有小斑点，苔梗基部发白出现老化。劣质蒜苔：苔梗变黄，基部萎缩，苔苞开始膨大，苔梗发糠，腐烂发霉。

（3）蒜头。

良质蒜头：蒜头大小均匀，蒜皮完整而不开裂，蒜瓣饱满，无干枯与腐烂，蒜身干爽无泥，不带须根，无病虫害，不出芽。次质蒜头：蒜头大小不均匀，蒜瓣小，蒜皮破裂，不完整。劣质蒜头：蒜皮破裂，蒜瓣不完整，有虫蛀，蒜瓣干枯失水或发芽，变软、发黄、有异味。

（四）鉴别花菜类的质量

这类菜的品种较少，主要有花椰菜和黄花菜两种，均以花器官为食用部分。

1. 花椰菜

花椰菜又叫花菜、菜花，是甘蓝的一个变种，原产欧洲。花椰菜供食用的花球和嫩茎部分营养丰富，尤其维生素 C 含量较高，它的粗纤维含量少，质嫩适口，味道清淡，容易消化，尤适于老人、孩子、病人食用。

良质花椰菜：花球洁白，脆嫩，色泽好，花球紧实，握之有重量感，无茸毛，可带 4～5 片嫩叶，菜形端正，近似圆形或扁圆形，无机械损伤，球面干净，无玷污，无虫害，无霉斑。次质花椰菜：花球色泽不洁白，球面中央淡黄色或黄色，花球上有霉斑，占整个花球面积的 1/10～3/10，花球不端正，有少许机械损伤。劣质花椰菜：花球松散，花梗伸长有散花，花球失水萎蔫，外包叶变黄，花球上霉斑较多，占花球的 3/10～5/10。

2. 黄花菜

黄花菜又叫金针菜、萱草，是一种营养价值很高的植物性食品。黄花菜一般都经过干制，下面仅简介干制黄花菜的感官鉴别方法。

良质黄花菜：颜色金黄而有光泽，气味清香，无青条（即色青黄或暗绿，花虚软，这是由于加工时蒸制未全热所致）和油条（即花体发黑发粘，这是由于蒸制过熟所致），花条长且粗壮，挺直，均匀完整，干燥，无霉烂和虫蛀，无异味，无杂质，开花菜不超过 10%。次质黄花菜：色泽深黄而略带微红，但无青条、油条，花条略短而细，稍欠均匀，干燥，无霉烂虫蛀，无异味，无蒂柄杂质，开花菜不超过10%。劣质黄花菜：色萎黄带褐，无光泽，有青条或油条，有杂质或虫蛀，有烟熏味或霉味，开花菜多，占10%以上。

（五）鉴别果菜类的质量

果菜类蔬菜的共同特点是起源于热带，它是我国夏季的主要蔬菜。果菜类蔬菜的主要种类有黄瓜、南瓜、冬瓜、丝瓜、苦瓜、茄子、辣椒、番茄、菜豆、豇豆、豌豆、蚕豆等。

1. 黄　瓜

黄瓜能食用的部分是幼嫩的果实部分，其营养丰富，脆嫩多汁，一年四季都可以生产和供应，是瓜类和蔬菜类中重要的常见品种。

良质黄瓜：鲜嫩带白霜，以顶花带刺为最佳，瓜体直，均匀整齐，无折断损伤，皮薄肉厚，清香爽脆，无苦味，无病虫害。次质黄瓜：瓜身弯曲而粗细不均匀，但无畸形瓜或是瓜身萎蔫不新鲜。劣质黄瓜：色泽为黄色或近于黄色，瓜呈畸形，有大肚、尖嘴、蜂腰等，有苦味或肉质发糠，瓜身上有病斑或烂点。

2. 番　茄

番茄又叫番柿、西红柿、洋柿子，也有人称之为火柿子、红茄等。番茄传入我国仅一百年左右，现已成为我国主要蔬菜之一。番茄的果实味甜汁多，营养丰富，风味好，它既是菜，又是一种大众化的水果。番茄中含有的番茄素还有帮助消化的功能。

（1）鲜食品种的番茄。

良质番茄：表面光滑，着色均匀，有3/4变成红色或黄色，果实大而均匀饱满，果形圆正，不破裂，只允许果肩上部有轻微的环状裂痕或放射性裂痕，果肉充实，味道酸甜适口，无筋腐病、脐腐病和日烧病害和虫害。次质番茄：果实着色不均或发青，成熟度不好，果实变形而不圆整，呈桃形或长椭圆形，果肉不饱满，有空洞。劣质番茄：果实有不规则的瘤状突起（瘤状果）或果脐处与果皮处开裂（脐裂果），果实破裂，有异味，有筋腐、脐腐、日烧等病害或虫蛀孔洞。

（2）加工品种的番茄。

良质番茄：仅加工用的番茄个体大小中等，果面光滑无病虫害，果皮鲜红，而且由顶端到梗部的红色均匀一致，果肉厚而紧密，子腔小，风味浓。次质番茄：果实着色不均匀，果肉薄、子腔大。劣质番茄：果面黄色或波痕不平，虽具有良好的风味，但在加工中去皮麻烦，废料多，不宜用作加工用。

（六）鉴别食用菌类的质量

食用菌类是一种特殊的蔬菜，它属于低等植物菌类中的真菌，主要有蘑菇、荤菇、平菇、木耳、银耳、鸡枞等。这类蔬菜有野生或半野生的，也有人工栽培的。食用菌的味道鲜美，除含有丰富的蛋白质、维生素以及磷、钾、铁、钙等矿物养分外，还含有一般蔬菜所不具备的多种氨基酸，被人们称为"保健食品"。

在食用这类蔬菜时，要注意区分食用菌类和毒菌，食用毒菌会造成人体中毒，如头痛、恶心、呕吐、腹泻、昏迷、幻视、精神失常，甚至死亡。鉴别毒菌的方法：可食用的菇类颜色大多是白色或棕黑色，肉质肥厚而软，皮干滑并带丝光；毒菇则大多颜色美丽，外观较为丑陋，伞盖上和菇柄上有斑点，有黏液状物质附着，用手接触可感到滑腻，有时具有腥臭味，皮容易剥脱，伤口处有乳汁流出，并且很快变色。

1. 鉴别蘑菇的质量

蘑菇是食用菌中的一大类，它分为野生蕈和人工培植蕈两类。野生蘑菇种类较多，因生长地理环境、气候条件不同，形态和种类也有所不同。人工培植蘑菇的种类日渐增多。市场上深受欢迎的有金针菇、香菇、平菇、凤尾菇等。

良质食用菌菇：具有正常食用菌菇的商品外形，色泽与其品种相适应，气味正常，无异味，品种单纯，大小一致，不得混杂有非食用菌、腐败变质和虫蛀菌株。次质食用菌菇：具有正常食用菌菇的商品外形，色泽与其品种相适应，气味正常，品种不纯，大小不一致，混杂有其他品种，蕈盖或蕈柄有虫蛀痕迹。劣质食用菌菇：不具备正常食用菌菇的商品外形或者食用菌菇的商品外形有严重缺陷，色泽与其相应品种不一致，品种不纯，混有非食用菌以及腐败变质、虫蛀等菌体，甚至有掺杂的菌株、菌柄、菌盖等物，碎乱不堪，并有杂质。

2. 鉴别黑木耳的质量

黑木耳的质量优劣，可以从以下几个方面鉴别：

（1）朵形。以朵大均匀，耳瓣舒展少卷曲，体质轻，吸水后膨胀性大的为上品；朵形中等，耳瓣略有卷曲，质地稍重，吸水后膨胀性一般，属于中等品；朵形小而碎，耳瓣卷曲，肉质较厚或有僵块，质量较重的，属于下等品。

（2）色泽。每个朵面以乌黑有光泽、朵背略呈灰白色的为上等品；朵面萎黑，无光泽者为中等品；朵面灰色或褐色的下等品。

（3）干度。质量好的木耳是干而脆的。通常要求木耳含水量在11%以下为合格品。试验木耳含水量的方法：双手捧一把木耳，上下抖翻，若有干脆的响声，说明是干货，质量优；反之，说明货劣质次。也可以用手捏，若易捏碎，或手指放开后，朵片能很快恢复原状的，说明水分少；如果手指放开后，朵片恢复原状缓慢，则说明水分较多。

（4）品味。取一片木耳，含在嘴里，若清淡无味，则说明品质优良；如果有咸、甜等味，或有细沙出现，则为次品或劣品，不能购买。

黑木耳分级与特征：

市场上出售的黑木耳，有四个等级和一个等外级。其中，一级品不仅质量好，而且营养成分也高。

（1）一级品。表面青色，底灰白，有光泽，朵大肉厚，膨胀性大，肉质坚韧，富有弹性，无泥杂、无虫蛀、无卷耳、无拳耳（由于成熟过度及久晒不干，经多次翻动而使木耳粘在一起的干品）。

（2）二级品。朵形完整，表面青色，底灰褐色，无泥杂，无虫蛀。

（3）三级品。色泽暗褐色，朵形不一，有部分碎耳、鼠耳（因营养不足或秋后采收而形成的小木耳），无泥杂，无虫蛀。

（4）四级品。通过检验不符合一、二、三级的产品，如不成朵形或碎耳数量很多，但无杂质、无霉变现象的木耳。

（5）等外级。碎耳多，含有杂质，色泽差。

3. 鉴别黑木耳的真假

一些不法商人常在黑木耳中掺入糖、盐、面粉、淀粉、石碱、明矾、硫酸镁、泥沙等，使木耳的重量大大增加。有些假木耳，用的是化学药品，对人体健康有害。

鉴别黑木耳的方法有以下几种：

（1）看色泽。真木耳朵面乌黑有光泽，朵背略呈灰白色；假木耳的色泽发白，无光泽。

（2）看朵形。真木耳耳瓣舒展，体质轻；假木耳呈团状。

（3）试水分。真木耳一般质地较轻，含水量都在11%以下；假木耳水分多，用手掂掂，会感到分量重，用手研磨后，手指上会留下掺假物。

（4）品滋味。真木耳清淡无味，假木耳皆有掺假物的味道。如尝到甜味的，说明是用饴糖等糖水浸泡过的；有咸味的，是用食盐水浸泡过的；有涩味的，是用明矾水浸泡过的。

4. 鉴别银耳的质量

银耳又名白木耳，是天然稀有的珍贵药品，产于四川、福建、贵州、湖北、湖南等省的山林地区。它有滋阴、补肾、润肺、强心、健脑、补气等功效，是延年益寿的最佳补品。银耳含有丰富的蛋白质、多种维生素、10多种氨基酸、肝糖和有机磷化物。近年来，国内外广泛试用银耳治疗肿瘤，它不仅能增强机体的抗肿瘤免疫力，抑制肿瘤生长，而且能增强肿瘤患者对放射治疗或化学治疗的耐受能力，防止或减轻骨髓抑制。

银耳质量的优劣可以从以下几方面鉴别：

（1）朵形。形似菊花，瓣大而松，质地轻者为上品；朵形小或未长成菊花形的为下品。

（2）色泽。色白如银，白中透明，有鲜亮的光泽者为上品；色泽发黄或色泽不匀，有黑点，不透明者为下品。

（3）组织。个大如碗，朵片肉质肥厚，胶质多，蒂小，水分适中者为上品；朵片肉质单薄，无弹性，蒂大者为下品。

（4）杂质。银耳中无碎片，无杂质为上品；银耳容易破碎，碎片多，杂质多者为下品。

银耳分薹级，不同等级的银耳品质特点如下：

（1）一级品。足干，色白，无杂质，不带耳脚，朵整肉厚，呈圆形，朵的直径大于4 cm。

（2）二级品。足干，色白，无杂质，不带耳脚，朵整肉厚，朵形不甚圆，直径在2 cm以上。

（3）三级品。足干，色白，略带米黄色，朵肉略薄，无杂质，不带耳脚，整朵呈圆形，朵的直径在2 cm以上。

（4）四级品。足干，色白，带米黄色，有斑点，朵肉薄，不带耳脚，整朵呈圆形，朵的直径大于1.3 cm。

（5）等外品。足干，色白，带米黄色，朵中有斑点，耳肉薄，略带耳脚（其数量不得超过5%），无杂质，无火烘朵及黑朵，无碎末，朵形不一，朵的直径小于1.3 cm。

（七）鉴别春笋和早笋的质量

春笋是指在"立春"至"雨水"这半个月中出产的竹笋。这时挖的笋，都是些肥短实心的嫩尖，是笋中的珍品。

早笋是指过了"惊蛰"刚破土而出的竹笋。它具有身短、质嫩、空节少、肉质厚的特征。早笋质量比春笋好。

（八）鉴别冬笋的质量

在立春前出产的笋，称为冬笋。新鲜的冬笋是笋类产品中的佼佼者，由于它质嫩、鲜美、富有营养和清爽可口而被誉为高档菜肴。

质量好的冬笋，笋壳色泽黄亮，笋体挺直，头尖底部稍大，长度在 16~20 cm，身上壳衣少，手捏上去有厚实感，表示肉满质高。如果笋体弯曲，底部宽大，壳色发暗，手捏上去有响声，说明肉质少，质量差。外壳有刀痕的，是挖冬笋时被刀口破伤的，不影响食用。

（九）鉴别竹笋和毛笋

挑选质量好的笋，除了已介绍的一些质量特征外，主要看笋的根头。

（1）笋的根头上面一节呈白色、肉色、淡黄色的，质地较嫩，若有红籽白肉，则吃口更嫩。如果笋的外形呈扁形的，属于质嫩的笋。黄壳黄泥的毛笋，则肉更白，更嫩，味也甜。

（2）笋的根头上面一节呈深黄色，黄中泛青的，吃口就老。

（3）笋壳深褐色，手捏上去有软软的感觉，甚有潮湿感，根头上面一节呈深黄色，而又带潮的，就是质量差的阴笋。

（4）笋体外壳松，根头空，根头上一节有一条条黄褐色虫蛀爬过的疤斑，就是蛀笋，质量最差。

任务三　果蔬产品理化检验

第一节　果蔬物理检验

根据果蔬产品的相对密度、折射率、旋光度等物理常数与果蔬产品的组分及含量之间的关系进行检测的方法称为物理检验法。本节着重介绍果蔬检测中常用的手持折光仪和果实硬度计的使用及实验方法。

一、手持折光仪检测果蔬中可溶性固形物的含量

（一）折光法的基本原理

通过测量物质的折光率来鉴别物质的组成，确定物质的纯度、浓度及判断物质的品质的分析方法称为折光法。

1. 光的反射现象与反射定律

一束光线照射在两种介质的分界面上时，会改变它的传播方向，但仍在原介质上传播，这种现象叫光的反射，如图 3.2 所示。光的反射遵守以下定律：① 入射线、反射线和法线总是在同一平面内，入射线和反射线分居于法线的两侧；② 入射角等于反射角。

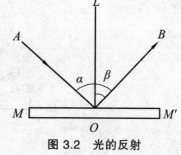

图 3.2　光的反射

2. 光的折射现象与折射定律

当光线从一种介质（如空气）射到另一种介质（如水）时，在分界面上，光线的传播方向发生了改变，一部分光线进入第二种介质，这种现象称为折射现象，如图 3.3 所示。光的折射遵守以下定律：① 入射线、法线和折射线在同一平面内，入射线和折射线分居法线的两侧；② 无论入射角怎样改变，入射角正弦与折射角正弦之比，恒等于光在两种介质中的传播速度之比。

折射率是光在真空中的速度 c 和光在介质中的速度 v 之比，叫做介质的绝对折射率（简称折射率或折光率），用 n 表示。

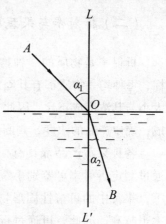

3. 全反射与临界角

（1）光密介质与光疏介质。两种介质相比较，光在其中传播速度较大的叫光疏介质，其折射率较小；反之叫光密介质，其折射率较大。

（2）全反射与临界角。当光线从光疏介质进入光密介质（如光从空气进入水中，或从样液射

图 3.3　光的折射

入棱镜中）时，因 $n_1 < n_2$，由折射定律可知折射角 α_2 恒小于入射角 α_1，即折射线靠近法线；反之当光线从光密介质进入光疏介质（如光从棱镜射入样液）时，因 $n_1 > n_2$，由折射定律可知折射角 α_2 恒大于入射角 α_1，即折射线偏离法线。在后一种情况下，如逐渐增大入射角，则折射线会进一步偏离法线，当入射角增大到某一角度时，折射线 4′恰好与 OM 重合，此时折射线不再进入光疏介质而是沿两介质的接界面 OM 平行射出，这种现象称为全反射。发生全反射的入射角称为临界角，如图 3.4 所示。

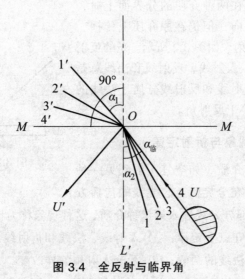

图 3.4　全反射与临界角

（二）折射率与果蔬中可溶性固形物含量的关系

折射率是物质的一种物理性质。它是果蔬产品生产中常用的工艺控制指标，每种均一物质都有其固定的折射率，对同一物质的溶液来讲，其折射率的大小与其浓度成正比，因此，通过测定液态产品的折射率，可以鉴别产品的组成，确定产品的浓度，判断食品的纯净程度及品质。

各种果蔬产品都具有一定的物质构成，不同的果蔬产品其折射率不同。通过测定折射率可鉴别果蔬产品的组成及品质，一定条件（同一温度、压力）下，果蔬中的可溶性固形物含量与折射率呈正相关，固形物含量越高，折射率也越高。因此，可通过折射率测出果蔬中可溶性固形物的含量，如图 3.5、3.6 所示。

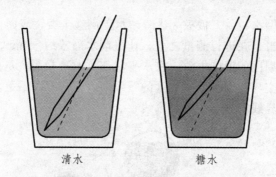

清水　　　　　　糖水

图 3.5　玻棒在不同密度介质中的折射现象

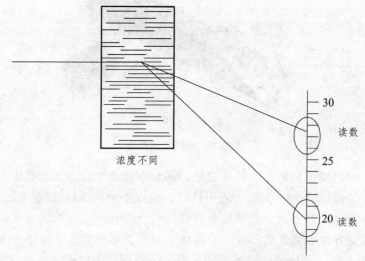

浓度不同

30

读数

25

20　读数

图 3.6　折光仪测定可溶性固形物的原理

　　必须指出的是，折光法测得的只是可溶性固形物含量，但对于番茄酱，果酱等个别果蔬制品，现已通过实验编制了总固形物与可溶性固形物关系表。可以先用折光法测定可溶性固形物含量，再根据关系表查出其总固形物的含量。

（三）手持折光仪测果蔬（柑橘）中可溶性固形物含量的方法

　　（1）柑橘汁的制备。取柑橘的可食部分切碎、混匀，称取 25 g（准确至 0.1 g），放入高速组织捣碎机中捣碎，然后用清洁的干纱布或滤纸过滤得到均匀的柑橘汁，待测定。

　　（2）手持折光仪的校正。打开手持折光仪（见图 3.7）盖板，用脱脂棉蘸乙醚或二甲苯擦洗，再用干净的纱布或卷纸小心擦干棱镜玻璃面。在棱镜玻璃

面中央滴 2 滴蒸馏水，盖上盖板。让蒸馏水盖满整个棱镜表面，不能留有气泡
或空隙，充满视野，在进行测量之前，让蒸馏水静置约 1 min，这样可以促使
蒸馏水与折射仪周围的温度一致。在水平状态，对准光源，从接目镜处观察，
检查视野中明暗交界线是否处在刻度的零线上。若与零线不重合，则旋动刻度
调节螺母，使分界线刚好落在零刻度线上。

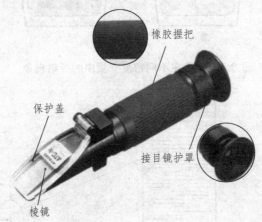

橡胶握把

保护盖

接目镜护罩

棱镜

图 3.7　手持折光仪

（3）对柑橘汁的测定。打开盖板，用纱布或卷纸将蒸馏水擦干，然后如
上操作在棱镜玻璃面中央滴 2 滴柑橘汁，按以上操作进行观测。通过接目镜
观察，并旋动微动螺旋，使明暗分界线恰好在物镜的十字交叉点上，读取视
野中明暗交界线上的刻度，即为柑橘汁可溶性固形物含量（％），如图 3.8 所
示。重复 3 次，并记录棱镜温度，可查可溶性固形物的质量分数对温度校正
表，对结果值进行校正。

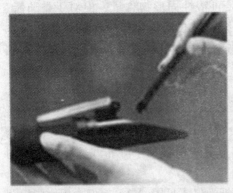

（a）打开保护盖　　　　　　　　（b）在棱镜上滴 1～2 滴样品液

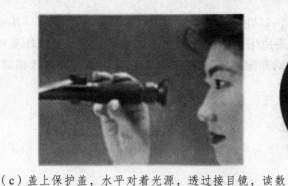 

（c）盖上保护盖，水平对着光源，透过接目镜，读数　　　　（d）

图 3.8　手持折光仪测定果蔬汁可溶性固形物的操作步骤

二、果实硬度计测定果实硬度

（一）果实硬度测定的原理

质地是果蔬产品重要的属性之一，它不仅与产品的食品品质密切相关，而且是判断许多果蔬产品储藏性与储藏效果的重要指标，果蔬的硬度是判断质地的主要指标。

（二）常用硬度计

在我国现阶段比较常见的硬度计有天津津东机械厂生产的 HP-30 型果实硬度计和 GY-1 型果实硬度计，如图 3.9 所示。

（1）HP-30 型果实硬度计。这种硬度计的外壳是一个带有隙缝的圆筒，沿隙缝安有游标。隙缝两侧画有刻度，圆筒内装有轴，其一端顶连着一个弹簧，另端旋有压头，当压头受力时，弹簧压缩，带动游标，从游标所指的刻度，读出果实硬度读数。这种硬度计压头有两种，按截面积不同，大的为 1 cm^2，小的为 0.5 cm^2，一般只适用于苹果、梨等硬度较大的果实。

图 3.9　GY-1 型果实硬度计

（2）GY-1 型果实硬度计。这种硬度计虽然是采用压力来测定果实的硬度，但其读数标尺为圆盘式，当压力受到果实阻力时，推动弹簧压缩，使齿条向上移动，带动齿轮旋转，与齿轮同轴的指针也同时旋转，指出果实硬度的数值。此硬度计可测定苹果、梨等硬度。测定前，移动表盘，使指针与刻度 2 kg 处重合。压头有圆锥和平压头两种，平压头适用于不带皮果肉硬度的测定，圆锥形压头可用于带皮或不带皮果实硬度的测定。测定方法与 HP-30 型果实硬度计相同。

（三）果实硬度计测定果实硬度的方法

（1）去皮。将果实待测部分的果皮削掉。

（2）对准部位。硬度计的压头与削去果皮的果肉切面相接触，且与果实切面垂直。

（3）加压。左手紧握果实，右手持硬度计，缓缓增加压力，直到果肉切面达压头的刻度线以上为止。

（4）读数。这时游标尺随着压力增加而被移动，它所指的数值即表示每平方厘米（或 0.5 cm^2）上的磅数。

（5）注意事项：测定果实硬度时，最好是测定果肉的硬度，因为果皮的影响往往掩盖了果肉的真实硬度；加压时，用力要均匀，不可转动加压，也不能用猛力压入；探头必须与果面垂直，不要倾斜压入；果实的各个部位硬度不同，所以，测定各处理果实硬度时，必须采用同一部位，以减少处理果实间的误差。

第二节　果蔬化学检测

一、果蔬产品水分的测定

水通过与蛋白质、糖、脂肪的物理作用，对果蔬产品的质量起着重要作用。水能延长许多果蔬产品的保质期，但同时也是果蔬易腐败的原因。根据水分含量的多少和物质的特性，了解果蔬产品中水分的含量，是掌握果蔬产品的加工和储藏技术的基础数据。

（一）果蔬产品水分存在的状态和作用

1. 果蔬中水分的存在状态

果蔬产品中的水分含量很高，但含量差异很大，为 70%～97%。果蔬产品中存在的水分按照物理、化学性质大致可以定性地分为两大类：游离水和结合水。

（1）游离水（或称自由水）。游离水是指组织、细胞中容易结冰也能溶解溶质的这一部分水。只有游离水分才能被细菌、酶和化学反应所触及，因此又称为有效水分，可用水分活度进行估量。系着这部分水的作用力是毛细管力，由于结合松散，所以很容易用干燥的方法从果蔬中分离出去。

（2）结合水（或称束缚水）。结合水是氢键与园艺产品的有机成分相结合的水分。如葡萄糖、乳糖、柠檬酸等晶体中的结晶水或明胶、果胶所形成凝胶的结合水，结合水不易结冰，不能作为溶质的溶剂，也不能被微生物所利用，但结合水对园艺产品的风味起着重要的作用。由于结合水的蒸气压比游离水低很多，因此结合水的沸点高于一般水。而冰点低于一般水，这种性质使得含有大量游离水的新鲜果蔬在冰冻时细胞结构容易被冰晶所破坏，而几乎不含游离水的植物种子和微生物孢子却能在很低的温度下保持其生命力。

2. 园艺产品水分存在的作用

水分是园艺产品保持新鲜状态不可缺少的物质，是衡量园艺产品新鲜状态的标志，但控制园艺产品中的水分，则可影响产品的品质和稳定性。如脱水蔬菜的非酶褐变随水分含量的增加而增加；某些果蔬的水分减少到一定程度时将引起水分和其他组分平衡关系的破坏，会使蛋白质变性、糖和盐结晶，降低产品的复水性、保藏性及组织形态等，甚至由于微生物的生长导致产品腐败变质。

（二）水分测定的意义

水分含量的高低直接影响到果蔬产品的感官性状、组成比例以及储藏的稳定性等。所以水分是果蔬产品的重要检验项目之一。其意义在于：确定果蔬产品中的实际含水量，为果蔬产品的加工和储藏提供基础数据；为了以全干物质为基础计算果蔬产品中其他组分的含量，以增加其他测定项目的可比性。

（三）水分测定中的相关概念

（1）平衡水分。在一定的干燥介质条件下，园艺产品排出和吸收水分，当排出和吸收水分的速度相等时，只要干燥介质条件不发生变化，园艺产品中所含的水分也将维持不变，不会因与干燥介质接触时间长短而发生变化，这时园艺产品中的含水量称为该介质条件下的平衡水分。

① 平衡水分是指在一定干燥介质条件下的平衡水分，干燥介质条件不变，平衡水分也不变；干燥介质条件改变，平衡水分也随之改变。

② 达到水分平衡时的园艺产品中仍存在水分的蒸发，但此时蒸发速度与园艺产品从介质中吸收水分的速度相等。

③ 平衡水分是指在该种干燥介质条件下的干燥终点水分，园艺产品中的含水量不因与干燥介质接触的时间长短而发生变化。

④ 在干燥的过程中除去的水分是园艺产品中所含水分中大于平衡水分的部分。这一部分水分主要指游离水和部分结合水。

（2）水分活度。在一定条件下，园艺产品是否为微生物所感染，并不取决于园艺产品中的水分含量，而仅仅决定于园艺产品中游离水的含量。因为只有游离水才能有效地支持微生物的生长与水解化学反应，因此，用水分活度来指示果蔬产品的腐败变质情况远比用水分含量好。

水分活度是指果蔬产品中水分存在的状态，即水分与产品结合程度（游离程度）。水分活度值越高，结合程度越低；水分活度值越低，结合程度越高。化学定义为：$A_W = P/P_0$（P 为园艺产品样品中的水蒸气分压；P_0 为在相同温度下纯水的蒸汽气压）

纯水的 $A_W = 1$；果蔬中含水量高的产品 A_W 值为 0.98～0.99。而各种微生物得以繁殖的 A_W 条件为：细菌 0.94～0.99，酵母菌 0.88，霉菌 0.80。当水分活度保持在最低 A_W 值（即水分主要以结合水存在）时，果蔬产品具有最高的稳定性。

（四）水分测定的方法

目前水分测定的方法很多，有直接干燥法、减压干燥法、蒸馏法、卡尔·费林法、红外线干燥法、化学干燥法和微波干燥法，其中，直接干燥法使用最为普遍。本节着重介绍此方法。

（五）干燥法测果蔬产品中的水分

1. 直接干燥法

直接干燥法是将园艺产品样品直接加热干燥，使其水分蒸发，以样品在蒸发前后的失重来计算水分含量的一种测定方法。

（1）实验方法原理。

果蔬产品中的水分受热以后，产生的蒸气压高于空气在电热干燥箱中的分压，使果蔬产品中的水分蒸发出来，同时，由于不断地加热和排走水蒸气，而达到完全干燥的目的。果蔬产品干燥的速度取决于这个压差的大小。

（2）实验方法适用范围。

本法以样品在蒸发前后的失重来计算水分含量，故适用于在 95～105 ℃范围、含其他挥发成分极微且对热不稳定的各种果蔬产品。

（3）样品制备。

固态样品。固态样品必须先磨碎，全部经过 20～40 目筛，混匀。

液态样品。可以先低温浓缩（如水浴中），再进行高温浓缩（如烘箱内）。

水果蔬菜样品。新鲜果蔬样品采用两步干燥法（首先称重，切成薄片或长条，风干 15～20 h 后再次称重，然后用烘箱干燥、恒重）。

（4）操作步骤。

固体样品。测定时，精确称取上述样品 2～10 g（视样品性质和水分含量而定），置于已干燥、冷却并称至恒重的有盖称量瓶中，然后移入 95～105 ℃ 常压烘箱中，开盖 2～4 h 后取出，加盖后置干燥箱内冷却 0.5 h 后称重。再烘 1 h 左右，又冷却 0.5 h 后称重。重复此操作，直至前后两次质量差不超过 2 mg 即算恒重。

半固体或液体样品。将 10 g 洁净干燥的海砂及一根玻璃棒放入蒸发皿中，置于 95～105 ℃ 下干燥至恒重。然后准确称取适量样品，置于蒸发皿中，用小玻璃棒搅匀后放在沸水浴中蒸干（注意期间要不时搅拌），擦干皿底后置于 95～105 ℃ 干燥箱中干燥 4 h，按上述操作反复干燥至恒重。

新鲜果蔬样品。对于水分含量在 16% 以上的新鲜果蔬样品，通常采用两步干燥法进行测定。即首先将样品称出总质量后，在自然条件下风干 15～20 h，使其达到安全水分标准（即与大气湿度大致平衡），再准确称重，然后再将风干样品粉碎、过筛、混匀，储于洁净干燥的磨口瓶内备用。测定时按上述固体样品的操作步骤进行，干燥至恒重。

（5）计算公式。

$$X = \frac{M_1 - M_2}{M_1 - M_0} \times 100\%$$

式中　X——样品中水分的质量分数，%；

　　　M_1——称量瓶（蒸发皿加海砂、玻璃棒）和样品的质量，g；

　　　M_2——称量瓶（蒸发皿加海砂、玻璃棒）和样品干燥后的质量，g；

　　　M_0——称量瓶（蒸发皿加海砂、玻璃棒）的质量，g。

两步干燥法按下列公式计算水分含量：

$$X = \frac{(M_3 - M_4) + M_4 \times Z}{M_3} \times 100\%$$

式中　X——样品中水分的质量分数，%；

　　　M_3——新鲜样品质量，g；

M_4——风干样品质量，g；

Z——风干样品的水分质量分数，%。

（6）操作条件选择。

实验操作条件选择主要包括：称样数量、称量瓶规格、干燥设备及干燥条件等的选择。

① 称样数量。测定时，称样数量一般控制在其干燥后的残留物质量在 1.5 ~ 3 g 为宜。对于水分含量较低的固态、浓稠态食品，将称样数量控制在 3 ~ 5 g，而对于果汁、牛乳等液态食品，通常每份样量控制在 15 ~ 20 g 为宜。

② 称量瓶规格。称量瓶分为玻璃称量瓶和铝质称量盒两种。前者能耐酸碱，不受样品性质的限制，故常用于干燥法。铝质称量盒质量轻，导热性强，但对酸性食品不适宜，常用于减压干燥法。称量瓶规格的选择，以样品置于其中平铺开后厚度不超过瓶高的 1/3 为宜。

③ 干燥设备。电热烘箱有各种形式，一般使用强力循环通风式，其风量较大，烘干大量试样时效率高，但轻质试样有时会飞散，若仅作测定水分含量用，最好采用风量可调节的烘箱。当风量减小时，烘箱上隔板 1/2 ~ 1/3 面积的温度能保持在规定温度 ±1 ℃ 的范围内，即符合测定使用要求。温度计通常处于离隔板 3 cm 的中心处，为保证测定温度较恒定，并减少取出过程中因吸湿而产生的误差，一批测定的称量皿最好为 8 ~ 12 个，并排列在隔板的较中心部位。

④ 干燥条件。温度一般控制在 95 ~ 105 ℃，对热稳定的谷物等，可提高到 120 ~ 130 ℃ 范围内进行干燥；对含还原糖较多的食品应先用低温（50 ~ 60 ℃）干燥 0.5 h，然后再用 100 ~ 105 ℃ 干燥。干燥时间的确定有两种方法：一种是干燥到恒重，另一种是规定一定的干燥时间。前者基本能保证水分蒸发完全；后者适用于准确度要求不高的样品，如各种饲料中水分含量的测定。

（7）注意事项。

水果、蔬菜样品，应先洗去泥沙后，再用蒸馏水冲洗一次，然后用洁净纱布吸干表面的水分。

在测定过程中，称量皿从烘箱中取出后，应迅速放入干燥器中进行冷却，否则，不易达到恒重。

干燥器内一般用硅胶作干燥剂，硅胶吸湿后效能会减低，故当硅胶呈蓝色减褪或变红时，需及时换出，置于 135 ℃ 左右干燥温度下烘 2 ~ 3 h，等其再生后再用。硅胶吸附油脂等物质后，去湿能力也会大大减低。

果糖含量较高的样品，如水果制品、蜜饯等，在高温（＞70 ℃）下长时间加热，其果糖会发生氧化分解作用而导致明显误差。故宜采用减压干燥法测定水分含量。

含有较多氨基酸、蛋白质及羰基化合物的样品，长时间加热则会发生羰氨反应析出水分而导致误差。对此类样品宜用其他方法测定其水分含量。

2. 减压干燥法

（1）实验原理。

利用在低压下水的沸点降低的原理，将取样后的称量皿置于真空烘箱内，在选定的真空度与加热温度下干燥到恒重，干燥后样品所失去的质量即为水分含量。

（2）实验方法适用范围。

适用于在较高温度下易热分解、变质或不易除去结合水的食品，如糖浆、果糖、味精、麦乳精、高脂肪食品、果蔬及其制品等的水分含量测定。

（3）仪器及装置。

真空烘箱（带真空泵）、干燥瓶、安全瓶。

在用减压干燥法测水分含量时，为了除去烘干过程中样品蒸发出来的水分以及避免干燥后期烘箱恢复常压时空气中的水分进入烘箱，影响测定的准确度，整套仪器设备除用一个真空烘箱（带真空泵）外，还连接了几个干燥瓶和一个安全瓶，整个设备流程如图 3.10 所示。

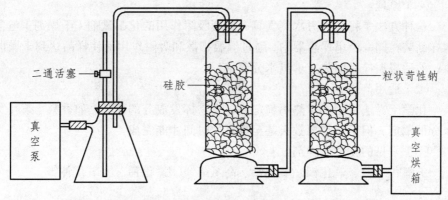

图 3.10　真空干燥工作流程图

（4）操作方法。

准确称取 2～5 g 样品于已烘干至恒重的称量皿中，放入真空烘箱内，按图3.10 所示流程图连接好全套装置后，打开真空泵，抽出烘箱内空气至所需压力，即 40 kPa～53.3 kPa（300～400 mmHg），并同时加热至所需温度（50～60 ℃），使烘箱内保持一定的温度和压力。

经一定时间后，关闭真空泵，停止抽气，打开通大气的活塞，使空气经干燥瓶缓缓进入烘箱内，待压力恢复正常后，再打开烘箱取出称量皿，放入干燥器中冷却 0.5 h 后称量，并重复以上操作至恒重。

（5）结果计算。

同直接干燥法。

（6）说明及注意事项。

真空烘箱内各部位温度要求均匀一致，若干燥时间短时，更应严格控制。

第一次使用的铝质称量盒要反复烘干二次，每次置于调节到规定温度的烘箱内烘 1~2 h，然后移至干燥器内冷却 45 min，称重（精确到 0.1 mg），求出恒重。第二次以后使用时，通常采用前一次的恒重值。试样为谷粒时，如小心使用，可重复 20~30 次而恒重值不变。

由于直读天平与被测量物之间的温度差会引起明显的误差，故在操作中应力求被称量物与天平的温度相同后再称重，一般冷却时间在 0.5~1 h 内。

减压干燥时，从烘箱内部压力降至规定真空度时起计算烘干时间，一般每次烘干时间为 2 h，但有的样品需 5 h。恒重一般以减量不超过 0.5 mg 时为标准，但对受热后易分解的样品则可以以不超过 1~3 mg 的减量值为恒重标准。

3. 化学干燥法

（1）原理。

这种方法是将某种对水蒸气具有强烈吸附作用的化学试剂（干燥剂）与含水样品装在同一个干燥容器中，通过等温扩散和吸附作用而使样品达到干燥恒重，然后根据样品的失重求出水分含量。

（2）适用范围。

化学干燥法适用于对热不稳定或含有易挥发成分的样品，如香料、茶叶等水分的测定，但干燥需要数天甚至数月的时间才能完成。

（3）常见的化学干燥剂。

五氧化二磷、氧化钡、氧化钙、高氯酸镁、氯化钙、氢氧化钾等。

（六）蒸馏法测果蔬中的水分

1. 原　理

基于两种互不相溶的液体二元体系的沸点低于各组分的沸点这一事实，将果蔬中的水分与甲苯或二甲苯或苯共沸蒸出，冷凝并收集馏液，由于密度不同，溜出液在接受管中分层，根据馏出液中水的体积，即可计算出样品中的水分含量。

2. 特点及适用范围

此法采用了一种高效的换热方式，水分可迅速移出，测定过程在密闭容器中进行。由于此法加热温度比直接干燥法低，故对易氧化、分解、热敏性以及含有大量挥发性组分的样品的测定准确度明显优于干燥法。该法设备简单，操作方便，现已广泛用于谷类、果蔬、油类香料等多种样品的水分测定，特别对于香料，此法是唯一公认的水分含量的标准分析法。水分蒸馏装置如图 3.11 所示。

3. 操作方法

准确称取适量样品（估计含水量 2～5 mL），放入水分测定仪器的烧瓶中，加入新蒸馏的甲苯（或二甲苯）50～75 mL 使样品浸没，连接冷凝管及接受制度管，从冷凝管顶端注入甲苯（或二甲苯），使之充满水分接受刻度管。

加热慢慢蒸馏，使每秒钟约蒸馏出 2 滴馏出液，待大部分水分蒸馏出后，加速蒸馏，使每秒约蒸出 4 滴馏出液，当水分全部蒸出后（接受管内的体积不再增加时），从冷凝管顶端注入少许甲苯（或二甲苯）冲洗。如发现冷凝管壁或接受管上部附有水滴，可用附有小橡皮头的铜丝擦下，再蒸馏片刻，直到接受管上部及冷凝管壁无水滴附着为止。读取接受管水层的容积。

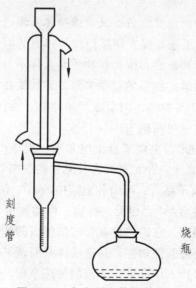

刻度管　　　　　　　　　　　　烧瓶

图 3.11　水分测定蒸馏装置

4. 计算公式

$$X = \frac{V}{M} \times 100$$

式中　X——样品中的水分含量，mL/100 g；

V——接受管内水的体积，mL；

W——样品的质量，g；

5. 说明及注意事项

（1）样品用量一般谷类、豆类约 20 g，鱼、肉、蛋、乳制品约 5 ~ 10 g，蔬菜、水果约 5 g。

（2）有机溶剂一般用甲苯，其沸点为 110.7 ℃。对于在高温下易分解的样品则用苯作蒸馏溶剂（苯沸点 80.2 ℃，水苯其沸点则为 69.25 ℃），但蒸馏的时间需延长。

（3）加热温度不宜太高，温度太高时冷凝管上端水气难以全部回收。蒸馏时间一般为 2 ~ 3 h，样品不同则蒸馏时间各异。

（4）为了尽量避免接受管和冷凝管壁附着水滴，仪器必须洗涤干净。

二、果蔬中灰分的测定

矿物质是人体结构的重要组分，又是维持体液渗透压和 pH 不可缺少的物质，同时许多矿物质离子还直接或间接地参与体内的生化反应，人体缺乏某些矿物元素时会发生营养缺乏症，因此矿物质是人体不可缺少的营养物质。

果蔬产品是人体摄取矿物质的重要来源，矿物质在果蔬产品中含量丰富，约占果蔬产品干重的 1% ~ 10%，因果蔬产品种类、器官各异，平均值为 5%，而一些叶菜的矿物质含量可高达 10% ~ 15%。

果蔬产品中的矿物元素主要来自土壤和水。果蔬产品中矿物质的 80% 是钾、钠、钙等金属成分，其中钾元素可占其总量的 50% 以上，它们进入人体后，与呼吸释放的 HCO_3 离子结合，可中和血液中的 H^+，使血浆的 pH 增大，因此果蔬产品又称为"碱性食品"。相反，谷物、肉类和鱼、蛋等食品中磷、硫、氯等非金属成分含量很高，它们的存在会增加体内的酸性。过多食用酸性食品会使人体内体液、血液的酸性增强，易造成体液酸碱平衡的失调，甚至引起酸性中毒。因此，为了保持人体血液、体液的酸碱平衡，在鱼、肉等动物食品消费量不断增加的同时，更需要增加果蔬产品的食用量。同时，矿物元素中，钙、磷、铁与健康关系更为密切，通常以其含量来衡量矿物质营养价值。果蔬产品中含有较多量的钙、磷、铁，尤其是某些蔬菜的含量很高，是人体所需钙、磷、铁的重要来源之一。

矿物质元素对果蔬产品的品质也有重要的影响，必需元素的缺乏会导致果蔬产品品质变坏，甚至影响其采后储藏效果。金属元素通过与有机成分的结合能显著影响果蔬产品的颜色，而微量元素是控制采后产品代谢活性的酶辅基的组分，因而会显著影响果蔬产品品质的变化。例如，在苹果中，钙和钾具有提高果实硬脆度、降低果实储藏期的软化程度和失重率以及维持良好肉质和风味的作用。在不同的果蔬产品品种中，果实的钙、钾含量高时，硬脆度高，果肉密度大，果肉致密，细胞间隙率低，储藏期软化的进展慢，肉质好，耐储藏。

无机矿物元素含量的高低是评价果蔬产品营养价值的重要指标，也是影响果蔬品质及其耐储性能的指标。果蔬产品经过高温灼烧，有机成分挥发逸散，而无机成分（主要是无机盐和氧化物）则残留下来，这些残留物称为灰分。灰分是衡量果蔬产品无机矿物元素含量的一项指标。

（一）果蔬灰分的概念、分类

果蔬产品经高温灼烧后残留的无机物质称为灰分。灰分采用重量法测定。

果蔬产品在灼烧过程中，水分及其挥发物以气态方式放出；碳、氢、氮等元素与氧结合生成二氧化碳、水及氮的氧化物而散失；某些易挥发元素，如氯、碘、铅等，会挥发散失，磷、硫等也能以含氧酸的形式挥发散失，使这些无机成分减少。另一方面，某些金属氧化物会吸收有机物分解产生的二氧化碳而形成碳酸盐，又使无机成分增多；而且不能完全排除混入的泥沙、尘埃及未燃尽的碳粒等。因此，从数量和组成上看，果蔬产品的灰分与产品中原来存在的无机成分并不完全相同，灰分并不能准确地表示果蔬产品中原来的无机成分的总量。从这种观点出发通常把果蔬产品经高温灼烧后的残留物称为果蔬的粗灰分。

果蔬的灰分除总灰分（粗灰分）外，按其溶解性还可以分为水溶性灰分、水不溶性灰分和酸不溶性灰分。其中，水溶性灰分反映的是可溶性的钾、钠、钙、镁等的氧化物和盐类的含量；水不溶性灰分反映的是污染的泥沙和铁、铝等氧化物及碱土金属的碱式磷酸盐的含量；酸不溶性灰分反映的是污染的泥沙和食品中原来存在的微量氧化硅的含量。

（二）测定灰分的意义

对于果蔬行业来说，灰分是一项重要的产品质量指标，测定灰分具有十分重要的意义。

不同的果蔬产品以及同一种果蔬在不同的栽培条件下，各种灰分的组成和含量也不相同，但有一定的正常范围。如果灰分含量超过了正常范围，说明果蔬产品在栽培的过程中存在问题，或果蔬产品在加工、储运过程中受到过污染，如酸不溶性灰分的增加预示着果蔬产品污染和掺杂。因此，测定灰分可以判断果蔬产品受污染的程度，以便采取相应措施，查清和控制污染，以保证果蔬产品的安全和食用者的健康。此外，还可以用来评价果蔬产品的加工精度和产品的品质。如在生产果胶、明胶等胶质产品时，总灰分可以说明这些胶质品的胶冻性能。水溶性灰分则在很大程度上表明果酱、果冻等水果制品中水果的含量。

这些对检测果蔬产品的质量是十分重要的。

（三）总灰分的测定

1. 总灰分的测定原理

总灰分采取简便、快速的干灰化法测定，即先将一定量的样品的水分去掉，然后在尽可能低的温度下将样品小心地加热碳化后再放入高温炉内灼烧，其中的有机物被氧化分解，以二氧化碳、氮的氧化物及水等形式逸出，而无机物质则以硫酸盐、磷酸盐、碳酸盐、氯化物等无机盐和金属氧化物的形式残留下来，这些残留物即为灰分。称量残留物的质量就可计算出样品中总灰分的含量。

本方法适用于包括果蔬产品在内的各种食品中总灰分含量的测定。

2. 测定步骤

仪器：马弗炉（灰化炉）坩埚。

操作流程：瓷坩埚的准备→样品预处理→碳化→灰化。

（1）瓷坩埚的准备。

将坩埚用盐酸（1+4）煮 1~2 h，洗净晾干后，用三氯化铁与蓝墨水的混合液在坩埚外壁及盖上写上偏号，置于规定温度（500~600 ℃）的高温炉中灼烧 1 h，移至炉口冷却到 200 ℃ 左右后，再移入干燥器中，冷却至室温后，准确称重，再放入高温炉内灼烧 30 min，取出冷却称重，直至恒重（两次称量之差不超过 0.5 mg）。

（2）样品预处理。

样品取样量应根据试样的种类和形状来决定。果蔬产品的灰分含量与其他成分相比含量很少，一般蔬菜为 0.5% ~ 2%，水果为 0.5% ~ 1%，所以取样时还应考虑称量误差，以灼烧后得到的灰分量为 10 ~ 100 mg 来决定取样量。通常蔬菜及其制品取 5 ~ 10 g，水果及其制品取 20 g。

果汁、蔬菜汁等液体试样：可以先在水浴上蒸发至近干，再进行碳化。

果蔬、动物组织等含水分较多的试样，可以先置烘箱中干燥，再进行碳化，也可取测定水分后的干燥试样直接进行碳化。

（3）碳化。

碳化操作一般在电炉或煤气灯上进行，把坩埚置于电炉或煤气灯上，半盖坩埚盖，小心加热使试样在通气情况下逐渐碳化，直至无黑烟产生。对特别容易膨胀的试样（如含糖多的食品），可先在试样上加数滴辛醇或纯植物油，再进行碳化。

（4）灰化。

碳化后，把坩埚移入已达规定温度（500 ~ 600 ℃）的高温炉炉口处，稍停留片刻，再慢慢移入炉膛内，坩埚盖斜倚在坩埚口，关闭炉门，灼烧一定时间（视样品种类、性状而异）至灰中无碳粒存在。打开炉门，将坩埚移至炉口处冷却至 200 ℃ 左右，移入干燥器中冷却至室温，准确称重，再灼烧、冷却、称重，直至达到恒重（前后两次称量相差不超过 0.5 mg）。

（5）结果计算。

$$X_1 = \frac{M_1 - M_0}{M_2 - M_0} \times 100\%$$

式中　X_1——样品灰分的质量分数，%；

　　　M_0——坩埚的质量，g；

　　　M_1——坩埚和总灰分的质量，g；

　　　M_2——坩埚和样品的质量，g。

（6）特殊的灰化方法。

对于含硫、磷、氯等酸性元素较多的样品，例如，种子类干果为了防止高温下这些元素的散失，灰化时必须添加一定量的镁盐或钙盐作为固定剂，使酸性元素与加入的碱性金属元素形成高熔点的盐类固定下来，同时做空白试验，以校正测定结果。

例如，元素磷在高温灼烧时可能以含氧酸的形式挥发散失，与硫酸盐共存时损失更多。对于含磷较高的种子类样品，可加入一定量的硝酸镁或者乙酸镁乙醇溶液，蒸干后，再进行灰化，这时即使温度高达 800 ℃，也不会引起磷的损失。因硝酸镁容易导致爆燃，故通常使用乙酸镁乙醇溶液。乙酸镁乙醇溶液的配制方法：称取 4.05 g 乙酸镁，溶于 50 mL 水中，再用乙醇稀释乙酸镁溶液至 1 L。

若要测定果蔬产品中的氟，在处理样品时加入氢氧化钠和硝酸镁可防止氟的挥发损失。

对于需要测定总砷的样品，通常加入氧化镁和硝酸镁作为助灰化剂，使砷转化为焦砷酸镁。氧化镁和硫酸镁是固定砷的高价氧化物。

3. 测定条件的选择

（1）灰化容器。

测定灰分通常以坩埚作为灰化容器，个别情况下也可使用蒸发皿。坩埚分素烧瓷坩埚、铂坩埚、石英坩埚等多种。其中最常用的是素烧瓷坩埚，它具有耐高温、耐酸、价格低廉等优点，但耐碱性差，当灰化碱性食品（如水果、蔬菜、豆类等）时，瓷坩埚内壁的釉层会部分溶解，反复多次使用后，往往难以得到恒重，在这种情况下宜使用新的瓷坩埚，或使用铂坩埚。铂坩埚具有耐高温、耐碱、导热性好、吸湿性小等优点，但价格昂贵，约为黄金的 9 倍，故使用时应特别注意其性能和使用规则。灰化容器的大小要根据试样的性状来选用。例如，需要前处理的液态样品、加热易膨胀的样品及灰分含量低、取样量较大的样品，需选用稍大些的坩埚或选用蒸发皿，但灰化容器过大会使称量误差增大。

（2）灰化温度。

灰化温度的高低对灰分测定结果影响很大，由于各种食品中无机成分的组成、性质及含量各不相同，灰分温度也应有所不同，一般为 500～550 ℃。例如，鱼类及海产品、谷类及其制品、乳制品 ≤550 ℃；果蔬及其制品、砂糖及其制品、肉制品 500～525 ℃；个别样品（如谷类饲料）可以达到 600 ℃。灰化温度过高，将引起钾、钠、氯等元素的挥发损失，而且磷酸盐、硅酸盐类也会熔融，将碳粒包藏起来，使碳粒无法氧化；灰化温度过低，则灰化速度慢、时间长，不易灰化完全，也不利于除去过剩的碱（碱性食品）吸收的二氧化碳。因此，必须根据食品的种类和性状兼顾各方面因素，选择合适的灰化温度，在保证灰化完全的前提下，尽可能减少无机成分的挥发损失和缩短灰化时间。此外，加热的速度也不可太快，以防急剧干馏时灼热物的局部产生大量气体而使微粒飞失发生爆燃。

（3）灰化时间。

一般以灼烧至灰分呈白色或浅灰色，无碳粒存在并达到恒重为止。灰化至达到恒重的时间因试样不同而异，一般需 2 ~ 5 h。通常根据经验灰化一定时间后，观察一次残灰的颜色，以确定第一次取出的时间，取出后冷却、称重，再放入炉中灼烧，直至达恒重。应该指出，对有些样品，即使灰分完全，残灰也不一定呈白色或浅灰色。例如，铁含量高的食品，残灰呈褐色；锰、铜含量高的食品，残灰呈蓝绿色。有时即使残灰的表面呈白色，内部仍残留有碳块。所以应根据样品的组成、性状注意观察残灰的颜色，正确判断灰化程度。

（4）加速灰化的方法。

有些样品，如含磷较多的谷物及其制品，磷酸过剩于阳离子，随着灰化的进行，磷酸将以磷酸二氢钾、磷酸二氢钠等形式存在，在比较低的温度下会熔融而包住碳粒，难以完全灰化，即使灰化相当长时间也达不到恒重。对这类难灰化的样品，可采用下述方法来加速灰化：

改变操作方法。样品经初步灼烧后，取出坩埚冷却，从坩埚边缘慢慢加入（不可直接洒在残灰上，以防残灰飞扬）少量无离子水，使水溶性盐类溶解，让被包住的碳粒暴露出来，在水浴上蒸发至干涸，置于 120 ~ 130 ℃ 烘箱中充分干燥（充分去除水分，以防再灰化时，因加热使残灰飞散），再灼烧到恒重。

加入硝酸、乙醇、过氧化氢、碳酸铵等。这类物质在灼烧后完全消失，不会增加残留灰分的重量。经初步灼烧后，放冷，加入几滴硝酸或双氧水，蒸干后再灼烧至恒重，利用它们的氧化作用来加速碳粒的灰化。也可以加入 10% 碳酸铵等疏松剂，在灼烧时分解为气体逸出，使灰分呈松散状态，促进未灰化的碳粒灰化。这些物质经灼烧后完全消失，不增加残灰的质量。

添加乙酸镁、硝酸镁等灰化助剂。这类镁盐随着灰化的进行而分解，与过剩的磷酸结合，残灰不会发生熔融而呈松散状态，避免碳粒被包裹，可大大缩短灰化时间。此法应做空白试验，以校正加入的镁盐灼烧后分解产生氧化镁的量。

添加过氧化镁、碳酸钙等惰性不熔物质。这类物质的作用纯属机械性的，它们和灰分混杂在一起，使碳微粒不受覆盖。此法应同时做空白试验从灰分中扣除。

4. 注意事项

（1）新坩埚在使用前必须在盐酸溶液（1 + 4）中煮 1 ~ 2 h，自来水或蒸馏水洗净晾干并烘干。用过的坩埚经初步洗刷后，可用粗盐酸或废盐酸浸泡 10 ~ 20 min，再用水冲刷干净。

（2）坩埚及盖子在使用前要编号，用1%的三氯化铁与等量的蓝墨水混合液在坩埚外壁及盖上写上偏号，高温灼烧后留下不易脱落的红色三氧化二铁痕迹。

（3）把坩埚放入马弗炉或从炉中取出时，要放在炉口停留片刻，使坩埚预热或冷却，防止因温度剧变而使坩埚破裂。

（4）试样经预处理后，在放入马弗炉灼烧前要先进行碳化处理。样品碳化时要注意热源强度，防止在灼烧时因高温引起试样中的水分急剧蒸发而使试样飞溅；防止糖、蛋白质、淀粉等易发泡膨胀的物质在高温下发泡膨胀而溢出坩埚；避免样品明火燃烧而导致微粒喷出，不经碳化而直接灰化，碳粒易被包住，碳化不完全。只有在碳化完全，即不冒烟后才能放入马弗炉中。且灼烧空坩埚与灼烧样品的条件应尽量一致，以消除系统误差。

对于含糖分、蛋白质、淀粉较高的果蔬样品，为防止其发泡溢出，炭化前可加数滴纯植物油。

（5）反复灼烧至恒重是判断灰化是否完全的最可靠的方法，因为有些样品即使灰化完全，残灰也不一定是白色或灰白色。例如，铁含量高的果蔬样品，残灰呈褐色；锰、铜含量高的果蔬产品，残灰呈蓝绿色；有时即使灰的表面呈白色或灰白色，但内部仍有碳粒存留。

（6）如样品液体量过多，可分次在同一坩埚中蒸干，在测定含水量高的果蔬样品时，应预先测定这些样品的水分，再将其干燥物继续加热灼烧，测定其灰分含量。

（7）灼烧后的坩埚应冷却到200 ℃以下再移入干燥器中，否则会因热对流作用，造成残灰飞溅，且冷却速度慢，冷却后干燥器内形成较大的真空，盖子不易打开。从干燥器内取出坩埚时，因内部造成真空，所以开盖恢复常压时，应该使空气缓缓流入，以防残灰飞散。

（8）灰化后所得的残渣可留作钙、磷、铁等无机成分的分析。

（9）近年来碳化时常用红外灯。

（10）加速灰化时，一定要沿坩埚壁加去离子水，不可直接将水洒在残灰上，以防残灰飞扬，造成损失和测定误差。

（四）水溶性灰分和水不溶性灰分的测定

1. 水不溶性灰分的测定

在总灰分中加水约25 mL，盖上表面皿，加热至近沸。用无灰滤纸过滤，以 25 mL 热水洗涤，将滤纸和残渣置于原坩埚中，按上述方法再行干燥、碳化、灼烧、冷却、称量。按下式计算水溶性灰分和水不溶性灰分含量：

$$X_2 = \frac{M_3 - M_0}{M_2 - M_0} \times 100\%$$

式中 X_2——样品中水不溶性灰分的质量分数，%；

M_3——坩埚和水不溶性灰分的质量，g；

M_2——坩埚和样品质量，g；

M_0——坩埚的质量，g；

2. 水溶性灰分的测定

水溶性灰分（%）＝总灰分（%）－水不溶性灰分（%）

（五）酸溶性灰分和酸不溶性灰分的测定

1. 酸不溶性灰分的测定

在水不溶性灰分（或测定总灰分的残留物）中，加入盐酸（1＋9）25 ml，盖上表面皿，小火加热煮沸 5 min。用无灰滤纸过滤，再用热水洗涤至滤液无 Cl^- 反应为止。将残留物和滤纸一同放入原坩埚中进行干燥、碳化、灼烧、冷却，称量。按下式计算酸不溶性灰分的含量：

$$X_3 = \frac{M_4 - M_0}{M_2 - M_0} \times 100\%$$

式中 X_3——样品中酸不溶性灰分的质量分数，%；

M_4——坩埚和酸不溶性灰分的质量，g；

M_2——坩埚和样品 质量，g；

M_0——坩埚的质量，g。

说明：检测滤液有无 Cl^- 时，可取几滴滤液于试管中，用硝酸（6 mol/L）酸化，加 1～2 滴硝酸银试剂，如无白色沉淀析出，表明已洗涤干净。

2. 酸溶性灰分的测定

酸溶性灰分（%）＝总灰分（%）－酸不溶性灰分（%）

三、果蔬中酸度的测定

果蔬产品中的酸性物质包括有机酸、无机酸、酸式盐以及某些酸性有机化合物（如单宁、蛋白质分解产物等）。这些酸有的是果蔬本身固有的，如苹果酸、酒石酸、醋酸、草酸等有机酸；有些是在加工过程中添加的，如某些果蔬产品中的柠檬酸；还可以是发酵产生的酸，如泡菜中的乳酸、醋酸等。

（一）酸度的概念

果蔬产品中的酸性物质构成了酸度，在果蔬产品加工过程中通过对酸度的控制和测定来保证产品的品质。有机酸是果蔬产品特有的酸味物质，在果蔬产品组织中以游离态或酸式盐的形式存在。对于新鲜果蔬产品来说，有机酸的种类和含量因品种、成熟度、生长条件等不同而异，它们对果蔬的风味、颜色及其质量有着直接的影响。

（二）酸度测定的意义

在果蔬产品加工行业中，测定原料和成品的有机酸含量有着十分重要的意义。

（1）通过测定果蔬产品中糖和酸的含量，可以判断果蔬产品的成熟度。例如，番茄、葡萄等随着成熟度的增加糖酸比增大，口感变好。可通过调整糖酸比确定加工产品的配方来获得风味极佳的产品。

（2）通过酸度测定，可对果蔬产品的质量进行鉴定。例如，挥发酸含量的高低，是衡量水果发酵制品质量好坏的一项重要技术指标，如产品中乙酸的质量分数超过 0.1%，就说明制品已经腐败；发酵制品中乳酸含量高时，说明已变质。

（3）果蔬产品的 pH 对其色、香、味、成熟度、稳定性、质量的好坏都会产生影响。果蔬中所含色素的色调，与其酸度密切相关，在一些变色反应中，酸是起很大作用的成分。如叶绿素在酸性下会变成黄褐色的脱镁叶绿素；花色素在不同酸度下，颜色亦不相同。果蔬及其制品的口味取决于糖和酸的种类、含量及其比例，酸度降低则甜味增加，各种水果蔬菜及其制品正是因为适宜的酸味和甜味才使它们具有各自独特的风味。同时果蔬中的挥发酸含量高低也会影响其特定的香气。另外，果蔬中有机酸含量高，则 pH 低，而 pH 的高低对果蔬产品的稳定性有一定的影响，降低 pH 能减弱微生物的抗热性并抑制其生长，所以 pH 值是果蔬罐头杀菌条件的主要依据。在果蔬加工中，控制介质 pH

还可抑制果蔬褐变；有机酸能与 Fe，Sn 等金属反应，加快对设备和容器的腐蚀作用，影响制品的风味和色泽；有机酸还可提高维生素 C 的稳定性，防止其氧化。

（4）果蔬产品中的有机酸即为果酸，可使果蔬产品具有浓郁的果香，还可以改变果蔬的味感，刺激食欲，促进消化，并有一定营养价值，在维持人体酸碱平衡方面具有显著作用。

（5）果蔬中有机酸含量取决于其品种、成熟度以及产地气候条件等因素，主要的有机酸为柠檬酸、苹果酸、草酸和酒石酸，另外，还含有少量的乙酸、苯甲酸、水杨酸、琥珀酸、延胡索酸等。

在同一果蔬产品中，往往几种有机酸同时存在，但在分析有机酸含量时，是以主要酸为计算标准的。通常仁果类、核果类及大部分浆果类以苹果酸计算；葡萄以酒石酸计算；柑橘类以柠檬酸计算；蔬菜和山上野果类则用草酸计算。

（三）酸度的分类

酸度可分为总酸度、有效酸度、挥发酸度。酸度（有效酸度）与总酸度在概念上是不相同的。酸度是指溶液中 H^+ 的浓度，准确地说是指 H^+ 的活度，常用 pH 来表示，可用酸度计测量。

（1）总酸度是指果蔬产品中所有酸性物质的总量，包括离解的和未离解的酸的总和，常用标准碱液进行滴定，并以样品中主要代表酸的百分含量来计算，所以总酸度又称可滴定酸度。

（2）有效酸度是指果蔬产品中呈游离状态的 H^+ 的浓度（或活度），常用 pH 来表示，可用 pH 计（酸度计）测量。

（3）挥发酸度是指容易挥发的有机酸，如醋酸、甲酸及丁酸等，可以通过蒸馏法分离，再用标准碱液进行滴定。

（四）总酸度的测定（滴定法）

1. 总酸度测定的原理

果蔬产品中的有机酸，以酚酞为指示剂，用氢氧化钠（NaOH）标准溶液滴定至终点（溶液显淡红色），0.5 min 不褪色即可。根据标准溶液的浓度和消耗的体积，计算出样品中酸的含量。

$$RCOOH + NaOH \longrightarrow RCOONa + H_2O$$

本法适用于各类色浅的食品中总酸含量的测定。

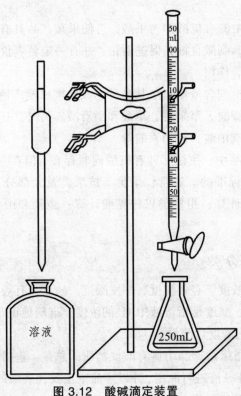

图 3.12   酸碱滴定装置

2. 操作方法

（1）试剂配制。

① 0.1 mol/L NaOH 标准溶液：称取氢氧化钠（NaOH）6 g 于 100 mL 烧杯中，加入蒸馏水 10 mL 迅速洗涤表面，而后剩余的约 4 g 的氢氧化钠溶解在新煮沸并经过冷却的蒸馏水中，稀释至 1 000 mL，摇匀备用。

② NaOH 标准溶液的标定：精确称取 0.4～0.6 g（精确到 0.000 1 g）在 110～120 ℃ 干燥至恒重的邻苯二甲酸氢钾于 250 mL 锥形瓶中，加入 50 mL 新煮沸过的冷却蒸馏水，振荡溶解，加 2 滴酚酞指示剂，用配制的氢氧化钠标准溶液滴定至溶液显微红色 30 s 不褪色。同时做空白实验。酸碱滴定装置如图 3.12 所示。

计算公式：

$$C = \frac{M \times 1\,000}{(V_1 - V_2) \times 204.2}$$

式中　C——氢氧化钠标准溶液的摩尔浓度，mol/L；

　　　M——基准邻苯二甲酸氢钾的质量，g；

　　　V_1——标定时所耗用氢氧化钠标准溶液的体积，mL；

　　　V_2——空白实验中所耗用氢氧化钠标准溶液的体积，mL；

　　　204.2——邻苯二甲酸氢钾的摩尔质量，g/mol；

1%酚酞乙醇溶液：称取酚酞 1 g 溶解于 100 mL 90%乙醇中。

（2）样品处理。

固态样品。果蔬产品的原料及其制品，除去非可食用部分后切块，置于组织捣碎机中捣碎并混匀。

液态样品。不含 CO_2 的饮料、酒类、果汁等混合样品，直接取样；含 CO_2 的样品需事先于 40 ℃ 水浴中加热 30 min 去除 CO_2，冷却后备用。

（3）样品测定。

固态样品。称取混合样品 20.00～25.00 g 于小烧杯中，用 150 mL 刚煮沸并冷却的蒸馏水分次将样品转入 250 mL 容量瓶中。充分振荡后加水定容，摇匀后用干燥滤纸过滤。准确吸取 50 mL 滤液于 250 mL 锥形瓶中，加入酚酞指示剂 2～3 滴，用 0.1 mol/L 氢氧化钠标准溶液滴定至终点，30 s 不褪色，记录消耗的氢氧化钠标准溶液的毫升数。

液态样品。准确吸取样品 50mL（必要时可减量或加水稀释）于 250 mL 容量瓶中，以下步骤同固态样品。

计算公式：

$$X = \frac{C \times V \times K}{M} \times \frac{V_0}{V_1} \times 100\%$$

式中　X——总酸度，%；

　　　C——标准 NaOH 溶液的浓度，mol/L；

　　　V——滴定消耗标准 NaOH 溶液的体积，mL；

　　　M——样品质量或体积，g 或 ml；

　　　V_0——样品稀释液总体积，mL；

　　　V_1——滴定时吸取的样液体积，mL；

　　　K——换算为主要酸的系数，即 1 mmol 氢氧化钠相当于主要酸的质量（ g）。

说明：因果蔬中含有多种有机酸，总酸度测定结果通常以样品中含量最多的那种酸表示。一般分析葡萄及其制品时，用酒石酸表示，$K = 0.075$；分析柑橘类果实及其制品时，用柠檬酸表示，$K = 0.06$ 或 0.070（带一分子水）；分析苹果、核桃类果实及其制品时，用苹果酸表示，$K = 0.067$；分析乳品、肉类、水产品及其制品时，用乳酸表示，$K = 0.090$；分析酒类、调味品时，用乙酸表示，$K = 0.060$。

3. 注意事项

（1）果蔬产品中有机酸均为弱酸，用强碱氢氧化钠滴定时，其滴定终点偏碱，一般在 pH8.2 左右，所以可选用酚酞作为指示剂。

（2）若样液颜色过深或浑浊，终点不易判断时，可采用电位滴定法，也可制备成脱色样液后测定。取样品 25 mL 置于 100 mL 容量瓶中，加水至刻度。用此稀释液加活性炭脱色，加热到 50~60℃ 微温过滤。取此滤液 10 mL 于三角瓶中，加水 50 mL 测定，计算时换算为原样品量。

（3）二氧化碳对测定有一定的影响，驱除二氧化碳的方法是将蒸馏水煮沸 15 min，冷却后立即使用。

（四）挥发酸的测定

挥发酸是指果蔬产品中易挥发的有机酸，主要是指乙酸和微量草酸、丁酸等一些低碳链的直链脂肪酸。在正常加工生产中，原料本身所含有的一部分挥发酸的含量较为稳定，若在生产中使用了不合格的原料，或违背正常的工艺操作，则会因为糖的发酵而使挥发酸的含量增加，降低了产品的品质，因此，挥发酸的含量是某些果蔬产品加工的一项质量控制指标。

总挥发酸包括游离态和结合态两部分。游离态挥发酸可用水蒸气蒸馏得到，而结合态挥发酸的蒸馏比较困难，测定时可加入磷酸使结合态挥发酸析出后再进行蒸馏。测定挥发酸含量的方法有两种：直接法和间接法，测定时可根据具体情况选用。直接法是通过水蒸气蒸馏或溶剂萃取把挥发酸分离出来，然后用标准碱滴定。间接法是将挥发酸蒸发排除后，用标准碱滴定不挥发酸，然后从总酸度中减去不挥发酸，即可求得挥发酸的含量。前者操作方便，较常用，适用于挥发酸含量较高的样品。若蒸馏液有所损失或被污染，或样品挥发酸含量较少，则宜用后者。

1. 挥发酸测定原理

样品经适当处理后，加入适量磷酸使结合态挥发酸析出来，用水蒸气蒸馏分离出总挥发酸，经冷凝，收集后，以酚酞作指示剂，用标准碱液滴定至微红色 30 s 不褪色为终点，根据标准碱液消耗量计算样品中总挥发酸含量。

本方法适用于各类饮料、果蔬及其制品（如发酵制品、酒等））中总挥发酸含量的测定。

2. 操作方法

（1）试剂配制

① 0.1 mol/L 氢氧化钠标准溶液：同总酸度的测定。

② 1%酚酞乙醇溶液：同总酸度的测定。

③ 100 g/L 磷酸溶液：称取 10.0 g 磷酸，用少许无 CO_2 蒸馏水溶解并稀释至 100 mL。

（2）仪器装置。水蒸气蒸馏装置如图 3.13 所示。

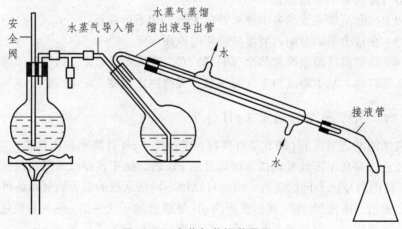

图 3.13 水蒸气蒸馏装置图

（3）样品测定。

准确称取混合均匀的样品 2～3 g（视挥发酸含量的多少酌情增减），用 50 mL 新煮沸并冷却的蒸馏水将样品全部洗入 250 mL 圆底烧瓶中，加入磷酸（100 g/L）1 mL，连接好冷凝管及水蒸气蒸馏装置，通入水蒸气使挥发酸蒸馏出来。加热蒸馏至馏出液达 300 mL 时为止。在同样的条件下做空白实验。

加热馏出液至 60～65 ℃，加入 3 滴酚酞指示剂，用氢氧化钠标准溶液（0.1 mol/L）滴定至终点。

计算公式：

$$X = \frac{C \times (V_1 - V_2) \times 0.06}{M} \times 100\%$$

式中　　X——样品挥发酸的质量分数（以醋酸计），%；

M——样品质量或体积，g 或 mL；

V_1——样液滴定消耗标准 NaOH 的体积，mL；

V_2——空白滴定消耗标准 NaOH 的体积，mL；

C——NaOH 标准溶液的浓度，mol/L；

0.06——换算为醋酸的系数，即 1 mmol 氢氧化钠相当于醋酸的质量(g)。

3. 注意事项

（1）蒸馏前蒸馏发生器中的水应预先煮沸 10 min，以排除其中的二氧化碳，并用蒸汽冲洗整个蒸馏装置。

（2）整套蒸馏装置的各个连接处应密封，切不可漏气。

（3）在整个蒸馏时间内要维持烧瓶内液面一定。

（4）滴定前将馏出液加热至 60 ~ 65 ℃，使其终点明显，加快反应速度，缩短滴定时间，减少溶液与空气的接触，提高测定精度。

（四）有效酸度的测定（pH 计）

常用的测定溶液 pH 的方法有两种：电位法（pH 计法）和比色法。

比色法是利用不同酸碱指示剂来显示 pH 的。由于各种酸碱指示剂在不同的 pH 范围内显示不同的颜色，因此可以用不同指示剂的混合物显示各种不同的颜色来指示溶液的 pH。我们常用的 pH 试纸就属于这一类，它具有简便、经济、快速等优点，但结果不甚准确，仅能粗略地估计各类样液的 pH。

电位法（pH 计法）适用于各类果蔬产品及其制品中 pH 的测定。它具有准确度较高，操作简便，不受样品本身颜色的影响等优点，是最常使用的方法。

1. 有效酸度测定的原理

将电极电位随溶液氢离子活度变化而变化的玻璃电极和电极电位不变的甘汞电极插入被测溶液中组成一个电池，那么该电池的电动势大小与溶液的氢离子浓度，即与 pH 有直接关系，就可用于 pH 的测定。

玻璃电极为测定 pH 常用的指示电极，饱和甘汞电极为参比电极。玻璃电极的主要部分是一个玻璃空心球体，球的下半部是厚约 30 ~ 100 μm 的用特殊成分玻璃制成的膜，玻璃球内装有 pH 一定的缓冲液，其中插入一支电位恒定的银-氯化银电极，作为内参比电极，与外接线柱相通。玻璃膜对氢离子具有敏感性，当其浸入被测溶液中时，被测溶液中的氢离子与玻璃膜外水化层进行离子交换，改变了两相界面的电荷分布。由于膜内侧氢离子活度不变，膜外侧氢离子活度在变化，故玻璃膜内外侧产生了一电位差，这个电位差随被测溶液的 pH 变化而变化。玻璃电极的电极电位取决于内参比电极与玻璃膜的电位差，由于内参比电极的电位是恒定的，故玻璃电极的电位就取决于玻璃膜的电位差，它随着被测溶液的 pH 变化而变化。

电极电位（25 ℃时）：

$$E_{玻璃} = E^0 - 0.059\text{pH}$$

甘汞电极由内外玻璃管、汞、甘汞、氯化钾溶液组成。内玻璃管上端接一根铂丝，与外接线柱相通，管内储入厚约 0.5～1 cm 的纯汞，上面覆盖一层甘汞和汞的粉糊。外玻璃管中装入饱和氯化钾溶液，使电极内溶液浓度保持不变，玻璃管下端通过熔结陶瓷芯或玻璃砂芯等多孔物质与被测溶液接触。

电极电位（25 ℃时）：

$$E_{甘汞} = E^0 - 0.059\lg[\text{Cl}^-]$$

甘汞电极的电位取决于氯离子的活度[Cl⁻]，而电极内[Cl⁻]不变是个定值，因此甘汞电极的电位是个定值，与被测溶液的 pH 大小无关。

综合能斯特方程，在 25 ℃时：

$$E = E^0 - 0.059\,\text{pH}$$

在 25 ℃时，每相差一个 pH 单位，就产生 59.1 mV 的电极电位，pH 可以在仪器的刻度表上直接读出。

2. 操作方法

（1）仪器。

① pH 计（酸度计）。它由电流计和电极两部分组成。电极与被测液组成工作电池，电池的电动势用电位计测量。按照测量电动势的方式，酸度计可以分为电位计式和直读式两种类型。直读式酸度计通过直流放大线路直接将电池电动势转变为放大电流，使电流计直接指示 pH。目前，各种酸度计的结构越来越简单、紧凑，并趋向数字显示式，如 pHS-2C 数字式 pH 计是实验室常用的精密测量的数字显示式酸度计。

② 玻璃电极和甘汞电极（或复合电极）。

③ 电磁搅拌器。

④ 高速组织捣碎机。

（2）试剂配制。

pH 为 1.68 的标准缓冲溶液（20 ℃）：准确称取 12.71 g 优级草酸钾，溶于蒸馏水中，稀释定容至 1 000 mL，摇匀备用。

pH 为 4.01 的标准缓冲溶液（20℃）：准确称取在（115±5）℃ 条件下烘干 2～3 h 的经过冷却的优级邻苯二甲酸氢钾 10.12 g，溶于不含 CO_2 的蒸馏水中，在容量瓶中稀释至 1 000 mL，摇匀备用。

pH 为 6.88 的标准缓冲溶液（20 ℃）：准确称取在（115±5）℃ 条件下烘干 2～3 h 的经过冷却的优级磷酸二氢钾 3.39 g 和优级无水磷酸氢二钠 3.53 g 溶于不含 CO_2 的蒸馏水中，在容量瓶中稀释至 1 000 mL，摇匀备用。

pH 为 9.22 的标准缓冲溶液（20 ℃）：准确称取 3.80 g 优级纯硼砂，溶于不含 CO_2 的蒸馏水中，稀释定容至 1 000 mL，摇匀备用。

上述四种标准缓冲溶液通常能稳定两个月，其 pH 随温度不同稍有变化，测定时需考虑温度的影响。

（3）样品处理。

① 新鲜果蔬样品。各部位组成差异较大，应将各部位混合样置于组织捣碎机中捣碎，再取均匀汁液测定。

② 果蔬罐头制品。取一定量的内容物倒入组织捣碎机中，加适量水捣碎均匀（以不改变 pH 为宜），过滤，取滤液进行测定。

③ 果汁等液体样品。可直接取样测定。

④ 含二氧化碳的液体样品。在 40 ℃ 水浴上加热 30 min 以除去二氧化碳，冷却后测定。

（4）仪器校正。

置开关于"pH"位置，温度补偿器旋钮指示溶液的温度。选择适当 pH 的标准缓冲溶液（其 pH 与被测样品的 pH 相接近）。用标准缓冲溶液洗涤 2 次烧杯和电极，然后将标准缓冲溶液注入烧杯内，两电极浸入溶液中，使玻璃电极上的玻璃珠和参比电极上的毛细管浸入溶液，小心缓慢摇动烧杯。调节零点调节器使指针在 pH＝7 的位置上。将电极接头同仪器相连（甘汞电极接入接线柱，玻璃电极接入插孔内）。按下读数开关，调节电位调节器，使指针指示缓冲溶液的 pH。放开读数开关，指针应在 pH＝7 的位置处，如有变动，按前面重复调节。校正后切不可再旋动定位调节器，否则必须重新校正。

（5）样品测定。

用蒸馏水冲洗电极和烧杯，再用样液洗涤电极和烧杯。然后将电极浸入样液中，轻轻摇动烧杯，使溶液均匀。调节温度补偿器至被测溶液的温度。按下读数开关，指针所指之值即为样液的 pH。测量完毕后，将电极和烧杯清洗干净，并妥善保管。

3. 注意事项

（1）由于样品的 pH 可能会因吸收二氧化碳等因素而改变，因此试液制备后不宜久放，应立即测定。

（2）新电极或久置不用的干燥玻璃电极，使用前应在蒸馏水或 0.1 mol/L 盐酸溶液中浸泡 24 h 以上，不用时宜浸在蒸馏水中。

（3）玻璃电极的玻璃膜易损坏，操作时应特别小心。如果玻璃膜沾有油污，可先浸入乙醇，然后浸入乙醚或四氯化碳中，最后再浸入乙醇中浸泡后，用蒸馏水冲洗干净。

（4）使用甘汞电极时，应将电极上部加氯化钾溶液处的小橡皮塞拔去，让极少量的氯化钾溶液从毛细管流出，以免样品溶液进入毛细管而使测定结果不准。电极使用完后应把上下两个橡皮套套上，以免电极内溶液流失。

（5）甘汞电极中的氯化钾溶液应保持饱和，且弯管内不应有气泡存在，否则将使溶液隔断，造成测量电路或读数不稳。如果甘汞电极内溶液流失过多时，应及时补加氯化钾饱和溶液。

（6）电极经长期使用后，如发现梯度略有下降，可把电极下端浸泡在 4% 氢氟酸溶液中 3～5 s，用蒸馏水洗净，然后在氯化钾溶液中浸泡，使之复新。

（7）测量完毕后要将电极和烧杯清洗干净，并妥善保管。

四、果蔬中维生素的测定

（一）维生素的概述

维生素是维持人体正常生理功能所必需而需要量极微的天然有机物质。其种类很多，目前已确认的有 30 多种，其中被认为对维持人体健康和促进发育乃至关重要的有 20 余种。维生素必须经常由食物供给，当机体内某种维生素长期缺乏时，即会发生特有的维生素缺乏症，严重时足以致命；但如果过量摄入某些维生素，也可能引起维生素过多症，对身体非但无益，反而有害。

维生素的种类很多，其化学结构与生理功能各异。根据维生素的溶解性能通常可将它们分为脂溶性维生素和水溶性维生素两大类。脂溶性维生素有维生素 A、维生素 D、维生素 E 和维生素 K 等；水溶性维生素有维生素 C 和 B 族维生素。测定脂溶性维生素时，通常先用皂化法处理样品，水洗去除类脂物，然后用有机溶剂提取脂溶性维生素（不皂化物），浓缩后溶于适当的溶剂后测定。测定水溶性维生素，一般都在酸性溶液中进行前处理，使结合态维生素析出来，再将它们从产品中提取出来。

维生素的检测方法主要有化学法、仪器法。仪器分析法中紫外、荧光法是多种维生素的标准分析方法。它们灵敏、快速，有较快的选择性。另外，各种色谱法以其独特的高分离效能，在维生素分析方面占有越来越重要的地位。化学法中比色法、滴定法、具有简便、快速、不需特殊仪器等优点，正为广大基层实验室所普遍采用。

本节只代表性地介绍维生素 A 和维生素 C 的测定方法。

（二）维生素 A 的测定

1. 原　理

维生素 A（视黄醇）属于脂溶性维生素，在氯仿溶液中能与三氯化锑生成不稳定的蓝色物质，此反应称为 Carr-price 反应，可用于维生素 A 的定性鉴定和定量测定，所生成的颜色的深浅与溶液中维生素 A 的量成正比。在一定时间内可用分光光度计在 620 nm 波长下测定其吸光度。

2. 试　剂

（1）无水硫酸钠：于 130 ℃烘箱中烘 6 h，装瓶备用。

（2）乙酸酐。

（3）无水乙醇：不得含有醛类物质。

（4）乙醚：应不含过氧化物。

（5）50%氢氧化钾溶液：取 50 g 氢氧化钾，溶于 50 g 水中，混匀。

（6）250 g/L 三氯化锑-三氯甲烷溶液：称取干燥的三氯化锑 25 g 溶于 100 mL 三氯甲烷中，棕色瓶避光储存（注意勿使吸收水分）。

（7）维生素 A 标准液：准确称取标准维生素 A，置于容量瓶中，用脱醛乙醇溶解，使其浓度大约为 1 mL 相当于 1 mg 维生素 A，临用前用紫外分光光度计标定其准确浓度。

标定方法：取维生素 A 标准溶液 10.00 μL，用乙醇稀释至 3.00 mL，在 325 nm 波长处测定其吸光值。用比吸光系数计算维生素 A 的浓度。

浓度计算：

$$X = \frac{\overline{A}}{1835} \times K \times \frac{1}{100}$$

式中　X——维生素 A 的浓度，g/L；

$\overline{A}$——维生素 A 的平均紫外吸光值；

1 835——维生素 A（1%）的比吸光系数；

K——标准系数倍数，按以上操作为 3.00/（10.00 × 10^{-3}）。

（8）酚酞指示剂：用 95% 乙醇配制 10 g/L 溶液。

3. 仪　器

分光光度计；回流冷凝装置。

4. 操作步骤

维生素 A 极易被光破坏，实验操作应在微弱光线下进行，或用棕色玻璃仪器。

（1）皂化。根据样品中维生素 A 含量的不同，称取 0.5～5 g 样品于三角瓶中，加入 10 mL 氢氧化钾及 20～40 mL 乙醇，于电热板上回流 30 min 至皂化完全为止。

（2）提取。将皂化瓶内混合物移至分液漏斗中，以 30 mL 水洗皂化瓶，洗液并入分液漏斗。如有残渣，可用脱脂漏斗滤入分液漏斗内。用 50 mL 乙醚分两次洗皂化瓶，洗液并入分液漏斗中。振荡并注意放气，静置分层后，水层放入第二个分液漏斗中。皂化瓶再用 30 mL 乙醚分 2 次冲洗，洗液入第二个分液漏斗中。振荡后，静置分层，水层放入三角瓶中，醚层与第一个分液漏斗合并。重复至水液中无维生素 A 为止（即醚层不再使三氯化锑-三氯甲烷溶液呈蓝色）。

（3）洗涤。用约 30 mL 水加入第一个分液漏斗中，轻轻振荡，静置片刻后，放去水层，加 15～20 mL 氢氧化钾于分液漏斗中，轻轻振荡后，弃去下层碱液（除去醚溶性酸皂）。继续用水洗涤，每次用水约 30 mL，直至洗涤液与酚酞指示剂呈无色为止（大约 3 次）。醚层液静置 10～20 min，小心放出析出的水。

（4）浓缩。将醚层液经过无水硫酸钠滤入三角瓶中，再用约 25 mL 乙醚冲洗分液漏斗和硫酸钠 2 次，洗液并入三角瓶内。置水浴蒸馏，回收乙醚。待瓶中剩约 5 mL 乙醚时取下，用减压抽气法至干，立即加入一定量的三氯甲烷使溶液中维生素 A 含量在适宜浓度范围内。

（5）标准曲线的制备。准确吸取维生素 A 标准液 0.0 mL、0.1 mL、0.2 mL、0.3 mL、0.4 mL、0.5 mL 于 6 个 10 mL 棕色容量瓶中，以三氯甲烷定容，得标准系列使用液。再取相同数量的 3 cm 比色皿顺次移入标准系列使用液各 1mL，每个皿中加乙酸酐 1 滴，制成标准比色系列。于 620 nm 波长处，以 10 mL 三氯甲烷加 1 滴乙酸酐调节吸光度至零点，将标准比色系列按顺序移入光路前，迅速加入三氯化锑-三氯甲烷溶液 9 mL，于 6 s 内测定吸光度。以吸光度为纵坐标，维生素 A 含量为横坐标绘制标准曲线图。

（6）样品测定。取 2 个 3 cm 比色皿，分别加入 1 mL 三氯甲烷（空白样品液）和 1 mL 样品液，各加 1 滴乙酸酐。其余步骤同标准曲线的制备。

（7）计算：

$$X = \frac{P}{M} \times V \times \frac{100}{1\,000}$$

式中　X——样品中含维生素 A 的量，mg/100g；

　　　P——由标准曲线上查得样品中维生素 A 的含量，μg/mL；

　　　M——样品质量，g；

　　　100——以每百克样品计。

5. 注意事项

（1）乙醚为溶剂的萃取体系，易发生乳化现象。在提取前的洗涤操作中，不要用力过猛，若发生乳化，可加几滴乙醇消除乳化。

（2）由于三氯化锑与维生素 A 所产生的蓝色物质很不稳定，通常 6 s 以后便开始褪色，因此要求反应在比色皿中进行，产生蓝色后立即读取吸光度值。

（3）如果样品中含 β-胡萝卜素干扰测定，可将浓缩蒸干的样品用正己烷溶解，以氧化铝为吸附剂，丙酮-己烷混合液为洗脱剂进行柱层析。

（4）三氯化锑腐蚀性强，不能沾在手上。三氯化锑遇水生成白色沉淀，因此用过的仪器要先用稀盐酸浸泡后再进行清洗。

（三）维生素 C 的测定

维生素 C 是一种己糖醛基酸，有抗坏血病的作用，所以被人们称作抗坏血酸，主要包括还原型及脱氢型两种，广泛存在于植物组织中，新鲜的水果、蔬菜，特别是枣、辣椒、苦瓜、柿子叶、猕猴桃、柑橘等食品中含量较多。它是氧化还原酶之一，本身易被氧化，但在有些条件下又是一种抗氧化剂。维生素 C（还原型）纯品为白色无臭结晶，熔点 190 ~ 192 ℃，溶于水或乙醇中，不溶于油剂。在水溶液中易被氧化，在碱性条件下易分解，在弱酸条件中较稳定。维生素 C 开始氧化为脱氢型抗坏血酸（有生理作用）。如果进一步水解则生成 2，3-二酮古乐糖酸，失去生理作用。

根据维生素 C 具有的还原性质可以测定维生素 C 的含量。常用的测定方法有 2，6-二氯靛酚滴定法、2，4-二硝基苯肼比色法、碘酸法、碘量法、荧光分光光度法及高效液相色谱法。2，6-二氯靛酚滴定法测定的是还原型抗坏血酸，该法简单，也较灵敏，但特异性差，样品中的其他还原性物质会干扰测定，使测定值偏高，对深色样液滴定终点不易辨别。2，4-二硝基苯肼比色法和荧光分光光度法测得的是抗坏血酸和脱氧抗坏血酸的总量。高效液相色谱法可以同时测得抗坏血酸和脱氢抗坏血酸的含量，具有干扰少，准确度高，重现性好，灵敏、简便、快速等优点，是上述几种方法中最先进、可靠的方法。本书主要介绍 2，6-二氯靛酚滴定法和 2，4-二硝基苯肼比色法。

1. 2，6-二氯靛酚滴定法

（1）原理。

还原型抗坏血酸还原染料 2，6-二氯靛酚，该染料在酸性中呈红色，被还原后红色消失。还原型抗坏血酸还原 2，6-二氯靛酚后，本身被氧化成脱氢抗坏血酸。在没有杂质干扰时，一定量的样品提取液还原标准 2，6-二氯靛酚的量与样品中所含维生素 C 的量成正比。

（2）试剂。

① 1%草酸溶液：称取 10 g 草酸，加水至 1 000 mL。

② 2%草酸溶液：称取 20 g 草酸，加水至 1 000 mL。

③ 维生素 C 的标准溶液：准确称 20 mg 维生素 C 溶于 1%草酸中，并稀释至 100 mL，吸 5 mL 于 50 mL 容量瓶中，加入 1%草酸至刻度，此溶液每毫升含有 0.02 mg 维生素 C；

④ 0.02% 2，6-二氯靛酚溶液：称取 2，6-二氯靛酚 50 mg，溶于 200 mL 含有 42 mg 碳酸氢钠的热水中，冷却后，稀释至 250 mL，过滤于棕色瓶中，储存于冰箱内，应用过程中每星期标定一次。

标定：准确吸取维生素 C 的标准溶液 2 mL，加 2%草酸 5 mL，用 2，6-二氯靛酚溶液滴定，至桃红色 15 s 不褪色即为终点。根据已知标准维生素 C 溶液和染料的用量，计算出每毫升染料相当于的维生素 C 的毫克数。

计算：每毫升 2，6-二氯靛酚相当于维生素 C 的毫克数等于滴定度（T），即

$$T = \frac{C \times V_1}{V_2}$$

式中　C——维生素 C 的浓度，mg/mL；

　　　V_1——维生素 C 的体积，mL；

　　　V_2——消耗 2，6-二氯靛酚的体积，mL。

（3）操作方法。

样品制备。称取切碎的果蔬样品 20 g，放入研钵中加入 2%草酸少许研碎。注入 200 mL 容量瓶中，加 2%的草酸溶液稀释定容，然后过滤备用。如果滤液有颜色，在滴定时不易辨别终点，可先用白陶土脱色、过滤或离心机沉淀备用。

测定。准确吸取滤液 10 mL 于三角瓶中，用已标定过的 2，6-二氯靛酚溶液滴定，至桃红色 15 s 不褪色即为终点。记下染料的用量。在同样的条件下做空白实验。

（4）计算。

$$W = \frac{(V - V_1) \times A}{M} \times 100$$

式中　W——维生素 C 含量，mg/100g；

　　　V——滴定样品所用的染料量，mL；

　　　V_1——空白滴定样品所用的染料量，mL；

　　　A——1 mL 染料相当于的维生素 C 的重量，mg；

　　　M——滴定时吸取的样品溶液中含样品的量，g。

（5）注意事项。

所有试剂的配制最好都用重蒸馏水。

滴定时，可同时吸 2 个样品，一个滴定，另一个作为观察颜色变化的参考。

样品进入实验室后，应浸泡在已知量的 2%草酸液中，以防氧化，损失维生素 C。

储存过久的罐头制品，可能含有大量的低铁离子（Fe^{2+}），要用 8%的醋酸代替 2%草酸。这时如用草酸，低铁离子可以还原 2，6-二氯靛酚，使测定数字增高，使用醋酸可以避免这种情况的发生。

整个操作过程中要迅速，避免还原型抗坏血酸被氧化。

在处理各种样品时，如遇有泡沫产生，可加入数滴辛醇消除。

测定样液时，需做空白对照，样液滴定体积扣除空白体积。

2.2，4-二硝基苯肼法

该法可以测定总抗坏血酸，总抗坏血酸包括还原型、脱氢型和二酮古乐糖酸型。此法是将样品的还原型抗坏血酸氧化为脱氢型抗坏血酸，然后与 2，4-二硝基苯肼作用，生成红色的脒。脒的量与总抗坏血酸含量成正比，将红色脒溶于硫酸后进行比色，由标准曲线计算样品中的总维生素 C 含量。

（1）原理。

用酸处理过的活性炭把还原型的抗坏血酸氧化为脱氢型抗坏血酸，再继续氧化为二酮古乐糖酸。二酮古乐糖酸与 2，4-二硝基苯肼偶联生成红色的脒，其成色的强度与二酮古乐糖酸浓度呈正比，可以比色定量。

（2）试剂。

① 硫酸（9 + 1）：谨慎地加 900 mL 浓硫酸于 100 mL 水中。

② 硫酸溶液（4.5 mol/L）：取 250 mL 浓硫酸，慢慢加于 700 mL 水中，冷却后用水稀释定容至 1 000 mL。

③ 2，4-二硝基苯肼溶液（20 g/L）：称取 2，4-二硝基苯肼 2 g 溶于 100 mL 硫酸溶液（4.5 mol/L）中，过滤后储于冰箱内备用，每次用前必须过滤。

④ 草酸溶液（20 g/L）：溶解 20 g 草酸于 700 mL 水中，用水稀释定容至 1 000 mL。

⑤ 草酸溶液（10 g/L）：稀释 500 mL 草酸溶液（20 g/L）至 1 000 mL。

⑥ 硫脲（10 g/L）：溶解硫脲 5 g 于 500 mL 草酸溶液（10 g/L）中。

⑦ 硫脲（20 g/L）：溶解硫脲 10 g 于 500 mL 草酸溶液（10 g/L）中。

⑧ 盐酸溶液（1mol/L）：取 100 mL 盐酸，加入水中，并稀释定容至 1 200 mL。

⑨ 抗坏血酸标准溶液：溶解 100 mg 纯抗坏血酸于 100 mL 草酸溶液（10 g/L）中。此溶液每毫升相当于 1 mg 抗坏血酸。

⑩ 活性炭：将 100 g 活性炭加到 750 mL 盐酸溶液（1 mol/L）中，在水浴上煮沸回流 1 ~ 2 h，抽气过滤，用水洗至滤液无高价铁离子为止，然后置于 110℃ 烘箱中烘干。

检测铁离子的方法：利用普鲁氏蓝反应，将亚铁氰化钾（20 g/L）与盐酸（1 + 99）等量混合，将上述洗出滤液滴入，如有铁离子则会产生蓝色沉淀。

（3）仪器。

可见-紫外分光光度计；离心机；恒温箱：（37 ± 0.5）℃；捣碎机。

（4）操作步骤。

① 样品的制备。全部实验过程要避光。

② 鲜样制备。称 100 g 鲜样和 100 mL 草酸溶液（20 g/L），倒入捣碎机中打成匀浆，取 10～40 g 匀浆（含 1～2 mg 抗坏血酸）倒入 100 mL 容量瓶中，用草酸溶液（10 g/L）稀释至刻度，混匀。

③ 干样制备。准确称取 1～4 g 干样（含 1～2 mg 抗坏血酸）放入乳钵内，加入草酸溶液（10 g/L）磨成匀浆，转入 100 mL 容量瓶中，用草酸溶液（10 g/L）稀释至刻度，混匀。

④ 液体样品。直接取样（含 1～2 mg 抗坏血酸），用草酸溶液（10 g/L）稀释定容至 100 mL，混匀。

将上述样品溶液过滤，滤液备用。不宜过滤的样品可用离心机沉淀后，倾出上层清液，过滤备用。

⑤ 氧化处理。取 25 mL 上述滤液，加入 2 g 活性炭振荡 1 min，过滤，弃去最初数毫升滤液。取 10 mL 此氧化提取液加入 10 mL 硫脲（20 g/L）溶液，混匀。

⑥ 呈色反应。在 3 个试管中各加入 4 mL 经氧化的样品稀释液。一个试管作为空白，在其余试管中加入 1.0 mL 2,4-二硝基苯肼溶液（20 g/L），将所有试管放入（37±0.5）℃ 恒温箱或水浴中，保温 3 h 后取出，除空白管外，将所有试管放入冰水中。空白管取出后使其冷却至室温。然后加入 1.0 mL 2,4-二硝基苯肼溶液（20 g/L），在室温中放置 10～15 min 后放入冰水内。

⑦ 硫酸（9＋1）处理。当试管放入冰水后，向每一试管中缓慢加入 5 mL 硫酸（9＋1），滴加时间至少需要 1 min，需边加边振荡试管。将试管自冰水中取出，在室温下放置 30 min 后比色。

⑧ 比色。用 1 cm 比色皿，以空白液调零点，于 520 nm 波长处测吸光度值。

⑨ 绘制标准曲线。加 2 g 活性炭于 50 mL 标准溶液中，振荡 1 min，过滤。取 10 mL 滤液放入 500 mL 容量瓶中，加 5.0 g 硫脲，用草酸溶液（10 g/L）稀释定容，抗坏血酸浓度为 20 μg/mL。取 5 mL、10 mL、20 mL、25 mL、40 mL、50 mL、60 mL 稀释液，分别放入 7 个 100 mL 容量瓶中，用硫脲（10 g/L）溶液稀释定容，使最后稀释液中抗坏血酸的浓度分别为 1 μg/mL、2 μg/mL、4 μg/mL、5 μg/mL、8 μg/mL、10 μg/mL、12 μg/mL。按样品测定步骤形成脎并比色。以吸光度值为纵坐标，以抗坏血酸浓度（μg/mL）为横坐标绘制标准曲线。

计算：

$$X = \frac{C \times V}{1\,000 \times M} \times F \times 100$$

式中　*X*——样品中总抗坏血酸的含量，mg/100 g；

　　　　C——由标准曲线上查到的"样品氧化液"中总抗坏血酸的浓度，μg/mL；

　　　　V——试样用草酸溶液（10 g/L）定容的体积，mL；

　　　　F——样品氧化处理过程中的稀释倍数；

　　　　M——试样质量，g。

（5）注意事项。

硫脲可防止维生素 C 的继续氧化，并促进脎的形成。但应注意到脎的形成受反应条件的影响，因此，应在同样的条件下测定样品和绘制标准曲线。

加硫酸（9 + 1）时，必须在冰浴中边滴加边摇动，否则将会因为样品溶液的温度过高而使部分有机物分解着色，影响分析结果。另外，试管从冰水中取出后，颜色会继续加深，因此须计算好，加入硫酸（9 + 1）30 min，准时比色。

测定波长一般在 495 ~ 540 nm，样品杂质较多时在测定波长 540 nm 下测定较为合适。

五、果蔬中矿物质的测定

各类食品中所包含的金属和非金属元素大约有 80 种左右，它们可分为三类：一类是组成人体生命主要、必需的，往往是食品中含量很高的常量元素，如碳、氢、氧、钾、钠、钙等；第二类为营养必需的微量元素，目前已被确证是动物或人类生理所必需的微量元素有 14 种，它们是铁、碘、铜、锌、锰、钴、钼、硒、铬、镍、硅、氟和钒等，正常情况下，人体仅需要极少或只能耐受极小计量的微量元素，过量摄取微量元素会发生中毒；第三类是对人体有害的元素，如铅、砷、镉等，为了保障人体健康，确保饮食安全，对这些元素进行监测是十分有必要的。

钙、铁、碘等矿物元素含量是果蔬产品质量检测的项目之一。由于果蔬产品种类繁多，成分复杂，矿物元素的含量范围大，因此每种矿物元素都有多种检测方法，往往各种方法各有特点。常用的有化学法、原子吸收光谱法和原子发射光谱法。随着科学技术的进步，原子吸收光谱仪和原子发射光谱仪已经成为许多实验室的常规分析仪器，这些现代分析仪器具有灵敏度高、准确度好、操作简便、快速等优点，已经成为矿物质元素检测最有力的工具，其方法已成为实验室常规的分析手段。

本节以钙的测定为例做简单介绍。

（一）乙二胺四乙酸二钠（EDTA）法

1. 测定原理

EDTA 是一种氨羧络合剂，钙与氨羧络合剂能定量地形成金属配合物，其稳定性比钙与指示剂所形成的配合物强。在适当的 pH 范围内，以氨羧络合剂 EDTA 滴定，在达到定量点时，EDTA 就从指示剂配合物中夺取钙离子，使溶液呈现游离指示剂的颜色（终点：溶液由酒红色变成纯蓝色）。根据 EDTA 配合剂用量，可计算果蔬产品中的钙的含量。

2. 仪器及试剂

（1）仪器。

微量滴定管（1 mL 或 2 mL）；碱式滴定管（50 mL）；刻度吸管（0.5 ~ 1 mL）；高型烧杯（250 mL）；电热板：1 000 ~ 3 000 W，消化样品用。

（2）试剂。

① 盐酸溶液（1 + 1）；

② 盐酸溶液（1 + 4）；

③ 氰化钾溶液（10 g/L）：称取 1.0 g 氰化钾，用去离子水定容至 100 mL；

④ 氢氧化钠溶液（2 mol/L）；

⑤ 柠檬酸钠溶液（0.05 mol/L）：称取 14.7 g 柠檬酸钠（二水合柠檬酸钠），用去离子水定容至 1 000 mL；

⑥ 钙红指示剂：称取 0.1 g 钙红指示剂（$C_{21}O_7N_2SH_{14}$），用去离子水稀释至 100 mL，溶解后即可使用。储存于冰箱中可保持一个半月以上；

⑦ 去离子水；

⑧ 钙标准溶液：精确称取 0.5 ~ 0.6 g 碳酸钙（纯度大于 99.99%，105 ~ 110 ℃ 烘干 2 h）于 250 mL 烧杯中，用少量水润湿，盖上表面皿，从杯嘴逐滴加入盐酸（1 + 1）溶液至样品全溶，加热煮沸，冷却后转移至 100 mL 容量瓶中，加去离子水稀释至刻度，储存于聚乙烯瓶中，4 ℃ 保存；

⑨ EDTA 标准溶液（0.01 mol/L）：精确称取 3.7 g EDTA（乙二胺四乙酸

二钠），加热溶解后用去离子水稀释至 1 000 mL，储存于聚乙烯塑料瓶中，4 ℃保存。

⑩ 标定 EDTA 浓度：准确吸取 10 mL 钙标准溶液于三角瓶中，加水 10 mL，用氢氧化钠溶液（2 mol/L）调至中性。加入 1 滴氰化钾溶液（10 g/L）、2 mL 柠檬酸钠溶液（0.05 mol/L）、2 mL 氢氧化钠溶液（2 mol/L）、钙红指示剂 5 滴，以 EDTA 标准溶液滴定至终点，记录消耗 EDTA 标准溶液的体积（V），根据下式计算出 EDTA 标准溶液的浓度。

$$C_{\text{EDTA}} = C_{\text{CaCO}_3} \times 10.00 / V$$

3. 操作步骤

（1）样品处理。

称取适量的样品用干法灰化后，加盐酸（1+4）5 mL，置于水浴上蒸干，再加入盐酸（1+4）5 mL 溶解并移入 25 mL 容量瓶中，用少量热的去离子水多次洗涤，洗液并入容量瓶，冷却后用去离子水定容。

（2）测定。

准确吸取样液 5 mL（根据钙的含量而定），注入 100 mL 三角瓶中，加水 15 mL，用氢氧化钠（2 mol/L）溶液调至中性，加 1 滴氰化钾溶液（10 g/L）、2 mL 柠檬酸钠溶液（0.05 mol/L），2 mL 氢氧化钠溶液（2 mol/L）和 5 滴钙红指示剂，以 EDTA 标准溶液滴定至终点，使指示剂颜色由紫红色变蓝为止。记录消耗的 EDTA 的体积（V）。

同时以蒸馏水代替样品做空白试验。

结果计算：

$$X = \frac{(V - V_0) \times C_{\text{EDTA}} \times 40.1}{M \times (V_1 / V_2)}$$

式中　X——样品中钙的含量，mg/100 g；

　　　C_{EDTA}——EDTA 滴定度，mg/mL；

　　　V——滴定样品时所用 EDTA 的体积；

　　　V_0——滴定空白时所用 EDTA 的体积；

　　　V_1——测定时取样的体积；

　　　V_2——样液定容的总体积；

　　　M——样品的质量，g。

4. 注意事项

样品处理要防止污染，所用器皿均应使用塑料或玻璃制品，使用的试管器皿均应在使用前泡酸，并用去离子水冲洗干净，干燥后使用。试剂要求用优纯级试剂，水选用去离子水。

样品消化时，也可采用湿法消化。注意酸不要烧干，以免发生危险。加指示剂后，不要等太久，最好加后立即进行滴定。加氰化钾和柠檬酸钠的目的是除去其他离子的干扰。滴定时的 pH 为 12～14。

氰化钾是剧毒物质，必须在碱性条件下使用，以防止在酸性条件下生产氢氰酸逸出。测定完的废液要加氢氧化钠和硫酸亚铁处理，使之生成亚铁氰化钠后才能倒掉。

（二）高锰酸钾法

测定原理。样品经灰化后，用盐酸溶解，在酸性溶液中，钙与草酸生成草酸钙沉淀。沉淀经洗涤后，加入硫酸溶解，把草酸游离出来，再用高锰酸钾标准溶液滴定与钙等摩尔结合的草酸。稍过量的高锰酸钾使溶液呈现微红色，即为滴定终点。根据消耗的高锰酸钾量，计算出果蔬产品中钙的含量。

$$CaCl_2 + (NH_4)_2C_2O_4 \longrightarrow 2NH_4Cl + CaC_2O_4\downarrow$$

$$CaC_2O_4 + H_4SO_4 \longrightarrow CaSO_4 + H_2C_2O_4$$

$$2KMnO_4 + 5H_2C_2O_4 + 3H_2SO_4 \longrightarrow 2MnSO_4 + 10CO_2\uparrow + 8H_2O + K_2SO_4$$

因此，当溶液中存在有 $C_2O_4^{2-}$ 时，加入高锰酸钾，红色立即消失，而当 $C_2O_4^{2-}$ 完全被氧化后，高锰酸钾的颜色不再消失，利用高锰酸钾的颜色为滴定终点，可以精确地测定钙的含量。

（三）原子吸收分光光度法

测定原理。用干法灰化或湿法消化法破坏有机物质后，样品中的金属元素留在干灰化法的残渣中或湿法消化的消化液中，将残留物溶解在稀酸中。在特定波长下用原子吸收分光光度计测定待测金属元素。

六、果蔬中碳水化合物的测定

（一）碳水化合物的种类

糖类又称碳水化合物，是生物界三大基础物质之一，也是人类生命活动所需能量的主要供给源，在自然界分布很广。

人类膳食中的糖类主要来自植物性原料，即谷物食品和水果、蔬菜等。由于受代谢过程的影响，动物性食品除蜂蜜外，一般含糖甚微。现代营养学观点认为：合理的膳食组成中来自糖类的能量应占总热能需要量的 50%～70%。果蔬产品中的糖类以多种形态存在，但从代谢和供给人体热能的意义上来说并不是同样等效的，据此可将总碳水化合物分为两大类。

（1）有效碳水化合物：包括单糖、双糖、糊精、淀粉和糖原（动物性淀粉）。

（2）无效碳水化合物：包括天然存在的纤维素、半纤维素、木质素、果胶以及因工艺需要加入的微量多糖（如琼脂、海藻胶等）。

构成植物细胞壁的无效碳水化合物又称为膳食纤维，膳食纤维虽然不能被人体消化吸收，但它在维护人体健康方面起的作用并不亚于其他营养素。

（二）测定碳水化合物的意义

果蔬产品中糖类的含量是标志果蔬产品营养价值的一个重要指标，因此对果蔬产品中糖含量的测定在营养学上具有十分重要的意义。

果蔬产品中的糖类包括单糖、低聚糖和多糖，它们在一定条件下可以相互转化，即简单的碳水化合物可以缩合为高分子的复杂碳水化合物，缩合物水解后又可生成简单的碳水化合物。利用这种性质，分析中可以采用适当条件，将某些低聚糖和多糖水解为单糖后，利用单糖的还原性质进行测定。

水果是单糖和双糖的丰富来源，鲜果中含葡糖糖 0.96%～5.82%，果糖 0.85%～6.53%。大多数水果中蔗糖含量较低，但西瓜、菠萝中含量较高，分别达到 4% 和 7.9%。

（三）还原糖的测定

还原糖是指具有还原性的糖类。葡萄糖分子中含有游离醛基，果糖分子中含有游离酮基，乳糖和麦芽糖分子中含有游离的半缩醛羟基，因而它们都具有还原性，都是还原糖。其他非还原性糖类，如双糖、三糖、多糖等（常见的蔗糖、糊精、淀粉都属于此类），它们本身不具有还原性，但是可以通过水解而成具有还原性的单糖，再进行测定，然后换算成样品中的相应的糖类的含量。所以糖类的测定是以还原糖的测定为基础的。

本节着重介绍还原糖的测定方法，以供参考。

还原糖的测定方法很多，其中最常用的有直接滴定法、高锰酸钾滴定法、葡萄糖氧化酶-比色法等。

1. 直接滴定法（斐林试剂法）

此法是目前最常用的测定还原糖的方法，它具有试剂用量少，操作简便、快速，滴定终点明显等特点，适用于各类果蔬产品中还原糖的测定。但对深色样品来说，因色素干扰而使终点难以判断，从而影响其准确性。

测定原理：一定量的碱性酒石酸铜甲、乙液等体积混合后，生成天蓝色的氢氧化铜沉淀，这种沉淀很快与酒石酸钾钠反应，生成深蓝色的酒石酸钾钠同络合物。在加热条件下，以次甲基蓝作为指示剂，用样液直接滴定经标定的碱性酒石酸铜溶液，还原糖将二价铜还原为氧化亚铜。待二价铜全部被还原后，稍过量的还原糖将次甲基蓝还原，溶液由蓝色变为无色，即为终点。根据最终样品液消耗体积计算出还原糖含量。

实际上，还原糖在碱性溶液中与硫酸铜的反应并不完全符合以上关系，还原糖在此反应条件下将产生降解，形成多种活性降解产物，其反应过程极为复杂，并非反应方程式中反映的那么简单。在碱性及加热条件下还原糖将形成某些差像异构体的平衡体系。如反应方程式中，1 mol 葡萄糖可以将 6 mol 的二价铜（Cu^{2+}）还原成一价铜（Cu^{+}）。而实际上，从实验结果表明，1 mol 葡萄糖只能还原 5 mol 多的一价铜（Cu^{+}），且随反应条件的变化而变化。因此，不能根据反应方程式来直接计算还原糖的含量，而是用已知浓度的葡萄糖标准溶液标定的方法，或利用通过实验编制出来的还原糖检索表来计算。

2. 高锰酸钾滴定法

本法适用于各类果蔬产品中还原糖含量的测定，对于深色样液也同样适用。这种方法的主要特点是准确度高，重现性好，这两方面都优于直接滴定法。但操作复杂、费时，需查特制的高锰酸钾法糖类检索表。

测定原理：将还原糖与一定量的碱性酒石酸铜溶液反应，还原糖使二价铜还原成氧化亚铜。过滤得到氧化亚铜，加入过量的酸性硫酸铁溶液将其氧化溶解，而三价铁被定量地还原成亚铁盐，再用高锰酸钾溶液滴定所生成的亚铁盐，根据所消耗的高锰酸钾标准溶液的量计算出氧化亚铜的量，从检索表中查出与氧化亚铜量相当的还原糖的量，即可计算出样品中还原糖的含量。

在反应的方程式中，可以看出，5 mol 氧化亚铜（Cu_2O）相当于 2 mol 的高锰酸钾，故根据高锰酸钾标准溶液的消化量可计算出氧化亚铜的量，再由氧化亚铜量检索表得到相应的还原糖的量。

（四）蔗糖的测定

果蔬产品的生产中，为判断原料的成熟度，鉴别果蔬产品的品质以及控制糖果、果脯等产品的质量指标，常常需要测定蔗糖的含量。

蔗糖是非还原性双糖，不能用测定还原糖的方法直接进行测定，但蔗糖经酸水解后可生产具有还原性的葡萄糖和果糖的等量混合物，转化后即可按测定还原糖的方法进行测定。对于纯度较高的蔗糖溶液，可用相对密度、折光率、旋光率等物理检验法进行测定。

测定原理：样品脱脂后，用水或乙醇提取，提取液经澄清处理以除去蛋白质等杂质后，再稀盐酸水解，使蔗糖转化为还原糖；然后按还原糖测定的方法，分别测出水解前后样液中的还原糖含量，两者的差值即为由蔗糖水解产生的还原糖的量，再乘以换算系数 0.95 即为蔗糖的含量。

（五）总糖的测定

许多果蔬产品中含有多种糖类，包括具有还原性的葡萄糖、果糖、麦芽糖、乳糖等以及非还原性的蔗糖、棉籽糖等。这些糖有的来自原料，有的是因生产需要加入的，有的是在生产过程中形成的。许多果蔬产品通常只需测定其总量，即所谓的"总糖"。果蔬产品中的总糖通常是指果蔬产品中存在具有还原性的或在测定条件下能水解为还原性单糖的碳水化合物总量。要注意与营养学上的总糖区分。

总糖是许多果蔬产品重要的质量指标，是果蔬生产中常规的检测项目，总糖含量直接影响果蔬产品的质量及成本。所以，果蔬生产的分析中总糖的测定具有十分重要的意义。总糖的测定通常是以还原糖的测定方法为基础，常用的方法是直接滴定法。

测定原理：样品经处理除去蛋白质等杂质后，加入稀盐酸，在加热条件下使蔗糖转化为还原糖，再以直接滴定法测定水解后样品中还原糖的总量。

七、果蔬中脂肪的测定

果蔬产品中含有一定的挥发油和油脂类物质。形成果蔬产品芳香的物质都是微量的挥发性物质——挥发油,又称精油,它是果蔬产品香气和其他特殊气味的主要来源。果蔬产品中还含有不挥发的油分和蜡质,统称为油脂类。主要富含于果蔬产品种子中,有些果蔬产品的表面也有一层蜡质。蜡质的形成加强了果蔬外皮的保护作用。

在植物组织中,脂类主要存在于种子与果实中,根、茎、叶中含量很少。果蔬产品是低脂食品,果蔬产品的脂肪含量多在1.1%以下。

(一)脂类的基本概念

脂类是生物界中的一大类物质,包括脂肪和类脂化合物,元素组成为碳、氢、氧三种,有时还含有氮、磷及硫。脂肪是甘油与脂肪酸所组成的酯,也称真脂或中性脂肪。类脂是脂肪的伴随物质,包括脂肪酸、磷脂、糖脂、固醇、蜡等。

脂类种类繁多,结构各异,但都具有下列共同特征:

(1)不溶于水而溶于乙醚、丙酮、氯仿等有机溶剂;

(2)都具有酯的结构或与脂肪酸有成酯的可能;

(3)都是生物体所产生,并能为生物体所利用。

(二)脂的种类

在化学上,脂类可定义为"脂肪酸的衍生物及与其密切有关的物质"。根据脂质的化学组成,可将脂类作如下分类:

(1)简单脂质。脂肪酸与醇所成的酯,通常根据醇的性质可分为脂肪和蜡。

(2)复合脂质。复合脂质分子中除了脂肪酸与醇以外,还有其他的化合物。重要的复合脂质有磷脂、糖脂、硫脂等。

(3)衍生脂质。由简单脂质及复合脂质衍生而仍具有脂质一般性质的物质。此类物质中包括脂肪酸、高级醇类、烃类。

此外,一些脂溶性的维生素和色素由于具有脂质的一般性质,有时也被列入衍生脂质类中一起讨论。

果蔬产品中的脂类主要包括脂肪(甘油三酸酯)和一些类脂,存在于种子、果实、果仁中。果蔬产品中脂肪的存在形式有游离态的,如果仁中的脂肪;也有结合态的,如天然存在的磷脂、糖脂、脂蛋白等。蔬菜本身的脂肪含量较低,在生产蔬菜罐头时，还可以通过添加适量的脂肪来改善产品的风味。

果蔬产品的含脂量对其风味、组织结构、品质、外观等都有直接的影响，是果蔬产品质量管理中的一项指标。

（三）索氏提取法

常用的测定脂肪的方法有：索氏提取法、酸水解法、罗紫-哥特里法、巴布科克氏法、盖勃氏法和氯仿-甲醇提取法等。酸水解法能对包括结合态脂类在内的全部脂类进行定量，而罗紫-哥特里法主要用于乳及乳制品中脂类的测定。这里着重介绍索氏提取法。

本法可用于包括果蔬产品在内的各类食品中脂肪含量的测定，特别适用于脂肪含量较高而结合态脂类含量少、易烘干磨细、不易潮解结块的样品，如果品中坚果的脂肪含量的分析检测。

1. 索氏提取法的原理

经前处理的样品用无水乙醚或石油醚等溶剂回流抽提后，样品中的脂肪进入溶剂中，回收溶剂后所得到的残留物，即为脂肪。一般果蔬产品（食品）都采用有机溶剂浸提，挥干有机溶剂后得到的重量主要是游离脂肪，此外，还含有部分磷脂、色素、树脂、蜡状物、挥发油、糖脂等物质。因此，用索氏提取法获得的脂肪，也称为粗脂肪。

果蔬产品中的游离脂肪一般都能直接被乙醚、石油醚等有机溶剂抽提，而结合态脂肪不能直接被乙醚、石油醚等有机溶剂抽提，需在一定条件下进行水解等处理，使之转变为游离脂肪后方能提取，故索氏提取法测得的只是游离态脂肪。

2. 仪器和试剂

（1）仪器。

① 索氏脂肪抽提器，如图 3.14 所示；

② 电热鼓风干燥箱：温控（103±3）℃ 或直接选用半自动化的脂肪测定仪，如图 3.15 所示；

③ 分析天平：0.000 1 g。

④ 滤纸筒。

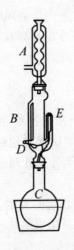

图 3.14　索氏脂肪抽提器　　　　　　图 3.15　脂肪测定仪

A—冷凝管；B—索氏提取器；C—圆底
烧瓶；D—阀门；E—虹吸回流管

（2）试剂。

① 无水乙醚（分析纯，不含过氧化物）或石油醚（沸程 30 ~ 60 ℃)；

② 纯海砂：粒度 0.65 ~ 0.85 mm，二氧化硅的质量分数不低于 99%。

3. 操作步骤

（1）样品的制备。

① 固体样品。准确称取干燥并研细的样品 2 ~ 5 g，无损地移入滤纸筒内。

② 半固体载液体样品。准确称取 5.0 ~ 10.0 g 样品，置于蒸发皿中，加入海砂 20 g，搅拌均匀后置于沸水浴上蒸干，再于 95 ~ 105 ℃ 条件下烘干。研细后全部移入滤纸筒内，蒸发皿及黏附有样品的玻璃棒都用沾有乙醚的脱脂棉擦净，将棉花一同放进滤纸筒内。滤纸筒上方用少量脱脂棉塞住。

（2）滤纸筒的制备。

将滤纸裁成 8 cm × 15 cm 大小，以直径位 2.0 cm 的大试管为模型，将滤纸紧靠试管壁卷成圆筒形，把底端封口，内放一小片脱脂棉，用白细线扎好定型，在 100 ~ 105 ℃ 烘箱中烘至恒量（前后两次称量差不超过 0.002 g）。

（3）索氏提取器的清洗。

将索氏提取器的各部分充分洗涤并用蒸馏水清洗后烘干，脂肪烧瓶在（103 ± 2）℃ 的电热鼓风干燥箱中干燥至恒重（前后两次称量差不超过 0.002 g）。

（4）抽提。

将滤纸筒放入索氏提取器的抽提筒内，连接已干燥至恒重的脂肪烧瓶，由抽提器冷凝管上方注入乙醚或石油醚至瓶内容积的 2/3 处，通入冷凝水，将脂肪烧瓶浸入水浴中加热，水浴温度应控制在使提取液每 6 ~ 8 min 回流一次（一般夏天 65 ℃，冬天 80 ℃ 左右）。用一小块脱脂棉轻轻塞入冷凝管上口。

提取时间视样品中的粗脂肪含量而定：一般样品提取 6 ~ 12 h，坚果制品提取约 16 h。提取结束时，用毛玻璃板接取一滴提取液，如无油斑则表明提取完毕。

（5）回收溶剂、烘干、称重。

提取完毕后，回收提取液。取下脂肪烧瓶，在水浴上蒸干并除尽残余的提取液，用脱脂滤纸擦净瓶底外部，在 95 ~ 105 ℃ 的干燥箱干燥 2 h 取出，置于干燥器内冷却至室温，称重。反复干燥 0.5 h，冷却，称量，直至前后两次称量差不超过 0.002 g 即为恒重，以最小称量为准。

4. 结果计算

$$X = \frac{M_2 - M_1}{M} \times 100\%$$

式中　X——样品中粗脂肪的质量分数，%；

　　　M——样品的质量，g；

　　　M_1——脂肪烧瓶的质量，g；

　　　M_2——脂肪烧瓶与样品所含脂肪质量，g。

5. 注意事项

（1）索氏抽提器是利用溶剂回流和虹吸原理，使固体物质每一次都被纯的溶剂所萃取，而固体物质中的可溶性物质则富集于脂肪烧瓶中。

（2）乙醚回收后，如果烧瓶中稍残留乙醚，放入烘箱中会有发生爆炸的危险，故需在水浴上彻底挥净。另外，使用乙醚时应注意室内通风换气。仪器周围不要有明火，以防空气中有机溶剂蒸汽着火或爆炸。

（3）提取过程中若有溶剂蒸发损耗太多，可适当从冷凝器上口小心加入（用漏斗）适量新溶剂补充。

（4）提取后烧瓶烘干称量过程中，反复加热会因脂类氧化而增量，故在恒量中若质量增加时，应以增量前的质量作为恒量。为避免脂肪氧化造成的误差，对富含脂肪的食品，应在真空干燥箱中干燥。

（5）若样品份数多，可将索氏提取器串联起来同时使用。所用乙醚应不含过氧化物、水分及醇类。过氧化物的存在会促使脂肪氧化而增量，且在烘烤提脂瓶时残留过氧化物易发生爆炸事故。水分及醇类的存在会因糖及无机盐等物质的抽出而增量。

（6）用溶剂提取果蔬产品的脂类时，要根据产品种类、性状及所选取的分析方法，在测定之前对样品进行预处理，预处理时，需将样品粉碎、切碎、碾磨等；含水分较高的样品，可加入适量的无水硫酸钠使样品成粒状；有时需将样品烘干，易结块样品可加入 4～6 倍量的海砂。以上处理的目的都是为了增加样品的表面积，减少样品的含水量，使有机溶剂更有效地提取脂类。

（7）抽提是否完全，可凭经验，也可用滤纸或毛玻璃检查。由抽提管下口滴下的乙醚滴在滤纸或毛玻璃上，挥发后不留下油迹则表明已抽提完全，若留下油迹则说明抽提不完全。

（四）酸水解法

某些食品中，脂肪被包藏在食品组织内部，或与食品成分结合而成结合态脂类，如谷物等淀粉颗粒中的脂类，面条、焙烤食品等组织中包含的脂类，用索氏提取法不能完全提取出来。在这种情况下，必须要用强酸将淀粉、蛋白质、纤维素水解，使脂类游离出来，再用有机溶剂提取。

（1）试验原理。将试样与盐酸溶液一同加热进行水解，利用强酸在加热的条件下将试样成分水解，破坏蛋白质、纤维素等组织，使结合或包藏在果蔬组织内的脂肪游离出来，再用乙醚或石油醚等有机溶剂提取脂肪，经蒸发回收溶剂并干燥后，称量提取物质量即为试样中脂肪含量（游离及结合脂肪的总量）。

（2）适用范围。此法适用于各类食品总脂肪的测定，特别对于易吸潮、结块、难以干燥的食品，应用本法测定效果较好，但此法不宜用于高糖类食品（如果蔬罐头、果酱等），因为糖类食品遇强酸易碳化而影响测定效果。

应用此法时，脂类中的磷脂在水解条件下将几乎完全分解为脂肪酸及碱，当用于测定含大量磷脂的食品时，测定值将偏低。故对于含较多磷脂的蛋类及其制品、鱼类及其制品，不适宜用此法。

八、果蔬中蛋白质的测定

蛋白质是复杂的含氮有机化合物，分子量很大，大部分高达数万～数百万，它们由 20 种氨基酸通过酰胺键以一定的方式结合起来，并具有一定的空间结构，所含的主要化学元素为 C、H、O、N，在某些蛋白质中还含有微量的 P、S、Cu、Fe、I 等元素。由于食品中另外两种重要的营养素——碳水化合物、脂肪——中只含有 C、H、O，不含有氮，所以含氮是蛋白质区别其他有机化合物的主要标志。不同的蛋白质其氨基酸构成比例及方式不同，含氮量也不同，一般蛋白质含氮量为 16%，即 1 份氮素相当于 6.25 份蛋白质，此数值（6.25）称为蛋白质系数。不同种类食品的蛋白质系数有所不同，如玉米、荞麦、青豆、鸡蛋等为 6.25，花生为 5.46，大米为 5.95，大豆及其制品为 5.71，小麦粉为 5.70，牛乳及其制品为 6.38。蛋白质可以被酶、酸或碱水解，水解的中间产物为䏡、肽等，最终产物为氨基酸。氨基酸是构成蛋白质的最基本物质。

果蔬产品中的含氮物质大部分是蛋白质，其次为氨基酸、酰胺、某些铵盐和硝酸盐。果蔬产品中的含氮物质含量相当丰富。

测定蛋白质的方法可分为两大类：一类是利用蛋白质的共性，即含氮量、肽键和折射率测定蛋白质含量；另一类是利用蛋白质中特定氨基酸残基、酸性和碱性基团以及芳香基团等测定蛋白质含量。蛋白质含量测定最常用的方法是凯氏定氮法。此外，双缩脲法、染料结合法等也常用于蛋白质含量的测定，由于方法简便，故多用于生产单位质量控制分析。

（一）凯氏定氮法

蛋白质的测定，目前多采用将蛋白质消化，测定出样品中的总氮量，再换算为蛋白质含量的凯氏定氮法。由于样品中含有少量非蛋白质含氮化合物，故此法的结果称为粗蛋白质含量。不同食品的蛋白质系数有所不同。凯氏定氮法是测定总有机氮量较为准确、操作较为简单的方法之一，可用于所有动、植物食品的分析及各种加工食品的分析，可同时测定多个样品，故国内外应用较为普遍，是一种经典分析方法，至今仍被作为标准检验方法。

凯氏定氮法可以分为常量法和微量法。

1. 凯氏定氮法测定蛋白质含量的原理

样品、浓硫酸和催化剂一同加热消化，使蛋白质分解，其中碳和氢被氧化为二氧化碳和水逸出，而样品中的有机氮转化为氨，并与硫酸结合成硫酸铵。然后加碱蒸馏，使氨蒸出，用硼酸吸收后，再以标准盐酸溶液滴定。根据标准盐酸溶液的消耗量可计算出蛋白质的含量。

反应过程分为三个阶段：

（1）消化。

消化反应方程式如下：

$$2NH_2(CH_2)_2COOH + 13H_2SO_4 \longrightarrow (NH_4)_2SO_4 + 6CO_2\uparrow + 12SO_2\uparrow + 16H_2O$$

浓硫酸具有脱水性，使有机物脱水后被碳化为碳、氢、氮。浓硫酸又具有氧化性，将有机物碳化后的碳氧化为二氧化碳，硫酸则被还原成二氧化硫：

$$2H_2SO_4 + C \longrightarrow CO_2\uparrow + SO_2\uparrow + H_2O$$

二氧化硫使氮还原为氨，本身则被氧化为三氧化硫，氨随之与硫酸作用生成硫酸铵留在酸性溶液中。

$$H_2SO_4 + 2NH_3 \longrightarrow (NH_4)_2SO_4$$

（2）蒸馏。

在消化完全的样品溶液中加入浓氢氧化钠使之呈碱性，加热蒸馏，即可释放出氨气，反应方程式如下：

$$(NH_4)_2SO_4 + 2NaOH \longrightarrow Na_2SO_4 + 2NH_3\uparrow + 2H_2O$$

（3）吸收与滴定。

加热蒸馏所放出的氨，可用硼酸溶液进行吸收，待吸收完全后，再用盐酸标准溶液滴定，因硼酸呈微弱酸性，所以用酸滴定不影响指示剂的变色反应，但它有吸收氨的作用，吸收及滴定的反应方程式如下：

$$2NH_3 + 4H_3BO_3 \longrightarrow (NH_4)_2B_4O_7 + 5H_2O$$

$$(NH_4)_2B_4O_7 + 5H_2O + 2HCl \longrightarrow 2NH_4Cl + 4H_3BO_3$$

蒸馏释放出来的氨，也可以采用硫酸或盐酸标准溶液吸收，然后再用氢氧化钠标准溶液反滴定吸收液中过剩的盐酸或硫酸，从而计算总氮量。

2. 仪器与试剂

（1）仪器。

① 凯氏烧瓶（500 mL）；

② 可调式电炉；

③ 蒸汽蒸馏装置（见图3.16和图3.17）。

（2）试剂。（所用试剂均用不含氨的蒸馏水配置）

① 硫酸铜（$CuSO_4 \cdot 5H_2O$）；

② 硫酸钾；

③ 浓硫酸；

④ 40%氢氧化钠溶液；

⑤ 0.1 mol/L 盐酸标准滴定溶液(按 GB601—1988 规定的方法配制与标定);

⑥ 95%乙醇;

⑦ 混合指示剂:1 份 1 g/L 甲基红乙醇溶液与 5 份 1 g/L 溴甲酚绿乙醇溶液临用时混合,也可用 2 份 1 g/L 甲基红乙醇溶液与 1 份 1 g/L 次甲基蓝乙醇溶液临用时混合。

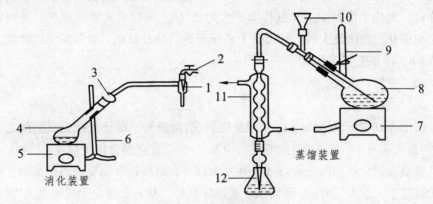

图 3.16 常量蒸馏装置

1—水力抽气管;2—水龙头;3—倒置的干燥管;4—凯氏烧瓶;5、7—电炉;
8—蒸馏烧瓶;6、9—铁支架;10—进样漏斗;11—冷凝管;12—接收瓶

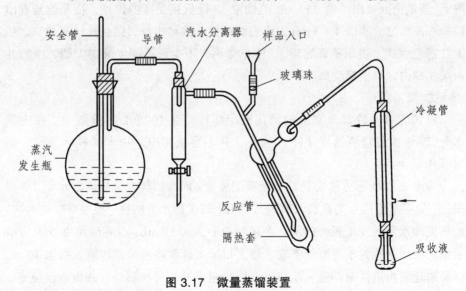

图 3.17 微量蒸馏装置

3. 操作步骤

(1)样品消化。准确称取均匀的固体样品 0.5 ~ 5 g(半固体样品 2 ~ 5 g 或

吸取溶液样品 10~20 mL)。小心移入干燥洁净的凯氏烧瓶中(勿黏附在瓶壁上)。加入 0.4 g 硫酸铜、10 g 硫酸钾及 20 mL 浓硫酸,小心摇匀后,按图 3.16 所示方法安装消化装置。

于凯氏烧瓶瓶口置一小漏斗,瓶颈 45°角倾斜置电炉上,在通风橱内加热消化(若无通风橱可于瓶口倒插入一口径适宜的干燥管,用胶管与水力真空管相连接,利用水力抽除消化过程所产生的烟气)。先以小火缓慢加热,待内容物完全碳化、泡沫消失后,加大火力消化至溶液呈蓝绿色。取下漏斗,继续加热 0.5 h,冷却至室温。

(2)蒸馏、吸收。

① 常量蒸馏。

按图 3.16 所示方法安装好常量蒸馏装置,冷凝管下端浸入接受瓶液面之下(瓶内预先装有 10 mL 4%硼酸溶液及甲基红-次甲基蓝混合指示剂 4~5 滴)。

将盛有消化液的凯氏烧瓶连接在氮素球下,塑料管下端浸入消化液中。在凯氏烧瓶中,加入 100 mL 蒸馏水、玻璃珠数粒,从安全漏斗中慢慢加入 70~80 mL 40%氢氧化钠溶液,摇动凯氏烧瓶,至溶液呈现蓝褐色,或产生黑色沉淀。不要再摇动,将定氮球连接好。用直火加热蒸馏 30 min(始终保持液面沸腾),至氨全部蒸出(约 250 mL 蒸馏液)。降低接受瓶的位置,待蒸馏装置出口离开液面继续蒸馏 1~3 min(用表面皿接几滴溜出液,以奈氏试剂检查,如无红棕色生成,表示蒸馏完毕)。停止加热,用少量蒸馏水淋洗尖端,洗液并入接受瓶内,取下接受瓶。

② 微量蒸馏。

将消化好并冷却至室温的消化液全部转移到 100 mL 容量瓶中,用少量水分 2~3 次将烧瓶洗涤干净,洗液合并于容量瓶中,用水稀释至刻度,摇匀备用。

按图 3.17 所示方法安装好微量蒸馏装置。向水蒸气发生瓶内装水至 2/3 容积处,加甲基橙指示剂数滴及硫酸数毫升,以保持水呈酸性,加入数粒玻璃珠,加热煮沸水蒸气发生瓶内的水。在接受瓶中加入 10 mL 4%硼酸及 2 滴混合指示剂,将接受瓶置于冷凝管下端,使下口插入硼酸溶液液面以下。吸取 10 mL 样品消化液由进样漏斗进入反应室,以少量水冲洗进样漏斗,并流入反应室。再从进样口加入 10 mL 40%的氢氧化钠溶液使其呈强碱性,用少量蒸馏水洗漏斗数次,盖塞,并水封。通入蒸汽,进行水蒸气蒸馏。冷凝管下端预先插入盛有 10 mL 4%(或 2%)的硼酸吸收液,蒸馏至吸收液中所加的混合指示剂变为绿色开始计时，继续蒸馏 5 min 后，将冷凝管尖端提离液面再继续蒸馏 1 min，用少量蒸馏水冲洗冷凝管尖端，洗液并入接受瓶内，取下接受瓶。

（3）滴定。溜出液立即用 0.100 0 mol/L 的盐酸标准溶液滴定至灰色（用甲基红-溴甲酚绿为指示剂时）或紫红色即为终点。同样条件下做一试剂空白试验（除不加样品外，从消化开始完全相同），记录空白滴定消耗盐酸标准溶液体积。

4. 结果计算

常量蒸馏按下式计算：

$$X = \frac{(V - V_0) \times 0.014 \times C}{M} \times F \times 100\%$$

微量蒸馏按下式计算：

$$X = \frac{(V - V_0) \times 0.014 \times C}{M \times \frac{10}{100}} \times F \times 100\%$$

式中　X——样品中蛋白质含量，%；

　　　C——滴定用盐酸标准溶液的浓度，mol/L；

　　　V_0——空白试验时滴定消耗 0.1 mol/L 盐酸标准溶液的体积，mL；

　　　V——滴定试样时消耗 0.1 mol/L 盐酸标准溶液的体积，mL；

　　　M——样品质量，g；

　　　0.014——氮的毫摩尔质量，g/mmol；

　　　F——氮换算为蛋白质系数。

5. 注意事项

（1）所用试剂应用无氨蒸馏水配制。

（2）消化过程中应注意转动凯氏烧瓶，利用冷凝酸液将附在瓶壁上的炭粒冲下，以促进消化完全。

（3）若样品含脂肪或糖较多时，应注意发生的大量泡沫，可加入少量辛醇或液状石蜡，或硅消泡剂，防止其溢出瓶外，并注意适当控制热源强度。

（4）若样品消化液不易澄清透明，可将凯氏烧瓶冷却，加入 300 g/L2 ~ 3 mL 过氧化氢后再加热。

（5）硫酸铜起到催化作用，加速氧化分解。硫酸铜也是蒸馏时样品液碱化的指示剂，若所加碱量不足，分解液呈蓝色不生成氢氧化铜沉淀，需再增加氢氧化钠用量。

（6）若取样量较大，如干试样超过 5 g，可按每克试样 5 mL 的比例增加硫酸用量。

（7）消化时间一般约 4 h 左右即可，消化时间过长会引起氨的损失。一般消化至透明后，继续消化 30 min 即可。但当含有特别难以氨化的氮化合物的样品，如含赖氨酸或组氨酸时，消化时间需适当延长，因为这两种氨基酸中的氮在短时间内不易消化完全，往往导致总氮量偏低。有机物如分解完全，则分解液呈蓝色或浅绿色；但含铁量多时，呈较深绿色。

⑧ 蒸馏过程应注意接头处无松漏现象，蒸馏完毕，先将蒸馏出口离开液面，继续蒸馏 1 min，将附着在尖端的吸收液完全洗入吸收瓶内，再将吸收瓶移开，最后关闭电源。绝不能先关闭电源，否则吸收液将发生倒吸。

⑨ 硼酸吸收液的温度不应超过 40 ℃，否则氨吸收减弱，造成损失，可置于冷水浴中。

⑩ 混合指示剂在碱性溶液中呈绿色，在中性溶液中呈灰色，在酸性溶液中呈红色。

（二）蛋白质的快速测定方法

凯氏定氮法是各种测定蛋白质方法的基础，经过人们长期的应用和不断的改进，具有应用范围广、灵敏度较高、回收率好等优点。但除自动凯氏定氮法外，其他定氮法均操作费时，如遇到高脂肪、高蛋白质的样品消化需 5 h 以上，且在操作中易产生大量有害气体污染工作环境，危害操作人员健康。

为了满足生产单位对工艺过程的快速分析，尽量减少环境污染和操作省时等要求，人们陆续创立了快速测定蛋白质的方法，如双缩脲法、染料结合法、紫外分光光度法、水杨酸比色法、折光法、旋光法及近红外光谱法。

本节就其试验测定原理作一简单介绍。

1. 双缩脲法测定原理

当脲被小心地加热至 150～160 ℃ 时，可由两个分子间脱去一个氨分子而生成二缩脲（也称双缩脲），双缩脲在碱性溶液中与少量硫酸铜反应生成紫红色络合物，此反应即为双缩脲反应。含有两个或两个以上肽键的化合物都具有双缩脲反应。

蛋白质含有两个以上的肽键（—CO—NH—），与双缩脲结构相似，因此也有双缩脲反应。在碱性溶液中蛋白质与 Cu^{2+} 形成紫红色络合物，在一定条件下，其颜色的深浅与蛋白质的浓度成正比，而与蛋白质的分子量氨基酸成分无关，因此可用吸收光度法测定蛋白质含量，该络合物的最大吸收波长为 560 nm。双缩脲法最常用于需要快速但并不需要十分精确测定的情况。

除—CO—NH—有此反应外，—$CONH_2$—，—CH_2—，NH_2—，—CS—CS—NH_2 等基团亦有此反应。

本法灵敏度较低，但操作简单快速，故常用在生物化学领域中来测定蛋白质含量，也适用于豆类、油料、米谷等作物种子及肉类等样品的测定。

2. 紫外分光光度法测定原理

由于蛋白质分子中存在着含有共轭双键的酪氨酸和色氨酸，因此蛋白质具有吸收紫外线的性质，吸收高峰在波长 280 nm 处。在此波长范围，蛋白质溶液的光吸收值与蛋白质浓度（3 ~ 8 mg/mL）呈直线关系，因此，通过测定蛋白质溶液的吸光度，并参照事先用凯氏定氮法测定蛋白质含量的标准样所做的标准曲线，即可求出蛋白质含量。

任务四　果蔬产品中农药残留检验

现代社会的快速发展在给人们带来丰富、高产的农产品的同时，农产品种植养殖生长过程中使用农药、化肥、兽药等会给食用这些农产品的人的健康造成危害。农药的种类很多，常用的有有机氯和有机磷两类。随着科学技术的发展，农药的品种、应用领域及功效越来越多、越来越广泛、越来越大，同时也给我们带来了新的问题——农药残留污染了人类的食品及生存环境。据实验，用含有 DDT 1.0 mg/kg 以上的饲料喂养乳牛，其分泌的乳汁即可检出 DDT 的残留。这说明，农药可以通过食物链由土壤进入食物，再进入动物，最后富集到人体组织中去。对农产品中有毒、有害物质的分析检验，可为人们寻找出污染源，找出一条有效的治理方案提供依据。

第一节　果蔬产品中农药残留的概述

农药残留（Pesticide Residues）是农药使用后一个时期内没有被分解而残留于生物体、收获物、土壤、水体、大气中的微量农药原体、有毒代谢物、降解物和杂质的总称。施用于作物上的农药，其中一部分附着于作物上，一部分散落在土壤、大气和水等环境中，环境残存的农药中的一部分又会被植物吸收。残留农药直接通过植物果实或水、大气到达人、畜体内，或通过环境、食物链最终传递给人、畜。

近年来，有害物质造成的食品安全问题层出不穷，已引起各国政府的高度重视，并出台了一系列法规和标准。欧盟 2003 年 7 月发布了《欧盟食品中农兽药残留限量标准》。我国《食品中农药最大残留限量》（GB 2763—2005）规定了 136 种常用农药在食品中的最大残留量，而与之配套的国家和行业标准检测方法达 64 项。

果蔬中有害物质常用的检测方法有微生物检测法、分光光度法、气相色谱法（GC）、高效液相色谱法（HPLC）、薄层色谱法（TLC）、质谱法（MS）、色谱-质谱联用法、酶联免疫吸附法（enzyme-linked immunosorbent assay，ELISA）等。

一、农药及农药残留相关概念

农药是指用于预防、消灭或者控制危害农业、林业的病、虫、草及其他有害生物以及有目的地调节植物、昆虫生长的药物的通称。

按用途分为：杀虫剂、杀菌剂、除草剂、植物生长调节剂。

按化学成分分为：有机磷类、氨基甲酸酯类、有机氯类、拟除虫菊酯类、苯氧乙酸类。

按毒性大小分为：高毒、中毒、低毒。

按杀虫效率分为：高效、中效、低效。

按残留时间长短分为：高残留、中残留、低残留。

一般来说，农药残留量是指农药本体物及其代谢物的残留量的总和，单位 mg/kg。

二、果蔬中农药残留的检测方法

目前，研究和应用较多的农药残留检测技术主要有化学速测法、酶抑制法、活体检测法、免疫分析法和色谱法。其中，活体检测法、化学速测法是目前研究的热点方法，但这两类方法都有很大局限性，只对少数农药有效，如化学速测法局限于有机磷农药。

酶抑制技术是研究比较成熟、应用较广泛的快速农药残留检测手段，该技术利用有机磷和氨基甲酸酯两类农药具有抑制乙酰胆碱酶（Ache）的生化反应作用，分析此类农药在果蔬中的综合残留量。近几年，人们研究出多种酶生物传感器，使检测方法获得大突破。用该技术既可检出单一农药残留量，又可以检出多种农药的综合残留量，具有快速、灵敏、费用低和适用于现场大批量样品筛选的特点；缺点是定性、定量的性能不太理想，且只能作为有机磷和氨基甲酸酯类农药残留的初筛。另外，用此方法检测韭菜、生姜、西红柿等蔬菜样品时易受干扰。

免疫分析技术是基于抗原抗体特异性识别和结合反应为基础的分析方法，根据标记物的不同，可分为放射免疫法、荧光免疫法、酶免疫法。免疫分析法具有特异性强、灵敏度高、方便快捷、分析容量大、分析成本低、安全可靠的特点，被认为是目前最具竞争力和挑战性的检测技术。

色谱技术是经典、准确、常用的农药残留检测技术。多用气相色谱法、液相色谱法、气（液）质联用技术、超临界流体色谱法等。传统的色谱技术前处理时间长、成本高，但近年来，固相微萃取技术（solid-phase microextraction, SPME）可大大缩短样品的前处理时间，实现了样品分析的快速和批量化。

第二节　果蔬中常见农药残留的检测

一、果蔬中有机磷农药残留的检测

（一）有机磷农药（OPPs）的特性及常见品种

有机磷农药是用于防治植物病、虫、害的、含有机磷的有机化合物。

有机磷农药大多呈油状或结晶状，工业品呈淡黄色至棕色，除敌百虫和敌敌畏之外，大多有蒜臭味。一般不溶于水，易溶于有机溶剂，如苯、丙酮、乙醚、三氯甲烷及油类，对光、热、氧均较稳定，遇碱易分解破坏。敌百虫例外，敌百虫为白色结晶，能溶于水，遇碱可转变为毒性较大的敌敌畏。市场上销售的有机磷农药剂型主要有乳化剂、可湿性粉剂、颗粒剂和粉剂四大剂型。近年来混合剂和复配剂逐渐增多。

有机磷农药的杀虫毒理机制为抑制乙酰胆碱酯酶的活性，有机磷与乙酰胆碱酯酶结合，形成磷酰化胆碱酯酶，使胆碱酯酶失去催化乙酰胆碱水解作用，乙酰胆碱在体内大量积聚，影响昆虫正常的神经传导。

有机磷杀虫剂具有药效高，易于被水、酶及微生物所降解，残留少的特点，在世界范围被广泛使用。过量或施用不当是造成有机磷农药污染食品的主要原因。目前正式商品化的有机磷农药有上百种，常见的有敌敌畏、乐果、敌百虫、杀螟威、倍硫磷、马拉硫磷、双硫磷、辛硫磷、甲拌磷、内吸磷 甲基对硫磷等 70 多种有机磷农药。有机磷杀虫剂可用气相色谱的方法检测。

（二）气相色谱-火焰光度检测器法（GC-FPD）测定芹菜中有机磷农药的残留量

1. 原　理

果蔬中残留的有机磷农药经有机溶剂提取并经净化、浓缩后，注入气相色谱仪，气化后在氮载气携带下于色谱柱中分离，并由火焰光度检测器检测，当含有有机磷样品在检测器的富氢火焰中燃烧时，以 HPO 碎片的形式发出波长526 nm 的特征光，通过滤光片选择后，由光电倍增管接收，转换成电信号，经微电流放大器放大后，由记录仪记录下色谱峰，通过比较样品的峰高或峰面积和标准品的峰高或峰面积，计算出样品中有机磷农药的含量。

本法采用火焰光度检测器，对含磷化合物具有高选择性和高灵敏度，检测下限达 ng 级，比碳水化合物高 10 000 倍，故排除了大量溶剂和其他碳水化合物的干扰，有利于恒量有机磷农药的分析。

2. 试　剂

丙酮、二氯甲烷、氯化钠、无水硫酸钠、助滤剂 Celite 545、农药标准品。

3. 仪　器

组织捣碎机、粉碎机、旋转蒸发仪、气相色谱仪（附有火焰光度检测器 FPD）。

4. 制样步骤

（1）试样的制备。取粮食试样经粉碎机粉碎，过 20 目筛制成粮食试样；水果、蔬菜试样去掉非可食部分后制成待分析试样。

（2）提取。称取 50.0 g 试样，置于 300 mL 烧杯中，加入 50 mL 水和 100 mL 丙酮（提取液总体积为 150 mL），用组织捣碎机提取 1～2 min。匀浆液经铺有两层滤纸和约 10 g Celite545 的布氏漏斗减压抽滤。取滤液 100 mL 移至 500 mL 分液漏斗中。

（3）净化。向蔬菜滤液中加入 10～15 g 氯化钠，使溶液处于饱和状态。猛烈振摇 2～3 min，静置 10 min，使丙酮与水相分层，水相用 50 mL 二氯甲烷振摇 2 min，再静置分层。

将丙酮与二氯甲烷提取液合并，经装有 20～30 g 无水硫酸钠的玻璃漏斗脱水滤入 250 mL 圆底烧瓶中，再以约 40 mL 二氯甲烷分数次洗涤容器和无水硫酸钠。洗涤液也并入烧瓶中，用旋转蒸发器浓缩至约 2 mL，浓缩液定量转移至 5～25 mL 容量瓶中，加二氯甲烷定容至刻度。

5. 色谱参考条件

玻璃柱 2.6 m × 3mm（i.d.），填装涂有 4.5%DC-200 + 2.5%OV17 的 Chromosorb WAWDMCS 的担体（80～100 目）；或填装涂有 1.5%QF-1 的 Chromosorb WAWDMCS 的担体（60～80 目）；氮气 50mL/min；氢气 100 mL/min；空气 50 mL/min；柱箱 240 ℃，气化室 260 ℃，检测器 270 ℃。

6. 测　定

吸取 2～5 μL 混合标准液及试样净化液注入色谱仪中，以保留时间定性。以试样的峰高或峰面积与标准比较定量。

7. 结果计算

组分有机磷农药的含量按下式进行计算：

$$x_i = \frac{A_i \times V_1 \times V_3 \times E_s \times 1\,000}{A_s \times V_2 \times V_4 \times m \times 1\,000}$$

式中　　x_i——i 组分有机磷农药的含量，mg/kg；

　　　　A_i——试样中 i 组分的峰面积，积分单位；

　　　　V_1——试样提取液的总体积，mL；

　　　　V_3——浓缩后的定容体积，mL；

　　　　E_s——注入色谱仪中的 i 标准组分的质量，ng；

　　　　A_s——混合标准液中 i 组分的峰面积，积分单位；

　　　　V_2——净化用提取液的总体积，mL；

　　　　V_4——进样体积，μL；

　　　　m——试样的质量，g。

　　计算结果保留两位有效数字，在重复性条件下获得的两次独立测定结果的绝对差值不得超过算术平均值的 15%。

　　常用有机磷农药的色谱图如图 3.18、图 3.19 所示。

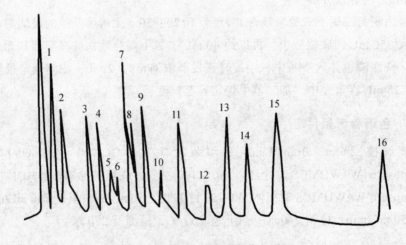

图 3.18　十六种有机磷农药色谱图

1—敌敌畏最低检测浓度 0.005 mg/kg；　　2—速灭磷最低检测浓度 0.004 mg/kg；

3—久效磷最低检测浓度 0.014 mg/kg；　　4—甲拌磷最低检测浓度 0.004 mg/kg；

5—巴胺磷最低检测浓度 0.011 mg/kg；　　6—二嗪磷最低检测浓度 0.003 mg/kg；

7—乙嘧硫磷最低检测浓度 0.003 mg/kg；　8—甲基嘧啶磷最低检测浓度 0.004 mg/kg；

9—甲基对对磷最低检测浓度 0.004 mg/kg；　10—稻瘟净最低检测浓度 0.004 mg/kg；

11—水胺硫磷最低检测浓度 0.005 mg/kg；　12—氧化喹硫磷最低检测浓度 0.025 mg/kg；

13—稻丰散最低检测浓度 0.017 mg/kg；　　14—甲喹硫磷最低检测浓度 0.014 mg/kg；

15—克线磷最低检测浓度 0.009 mg/kg；　　16—乙硫磷最低检测浓度 0.014 mg/kg

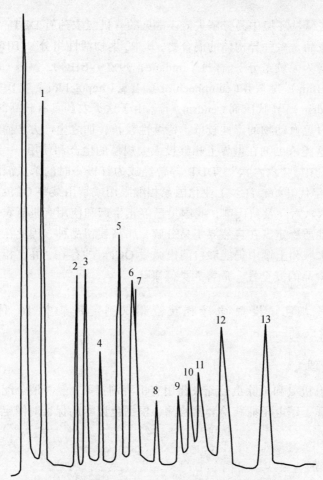

图 3.19　十三种有机磷农药色谱图

1—敌敌畏；2—甲拌磷；3—二嗪磷；4—乙嘧硫磷；5—巴胺磷；6—甲基嘧啶磷；
7—异稻瘟净；8—乐果；9—喹硫磷；10—甲基对硫磷；
11—杀螟硫磷；12—对硫磷；13—乙硫磷

二、有机氯农药和拟除虫菊酯农药残留量的测定

（一）有机氯农药（OCPs）的特性及常见品种

有机氯农药（Organochlorine Pesticides，OCPs）是具有杀虫活性的氯代烃的总称。通常 OCPs 分为三种主要的类型，即 DDT 及其类似物、六六六和环戊二烯衍生物。这三类不同的氯代烃均为神经毒性物质，脂溶性很强，不溶或微溶于水，在生物体内的蓄积具有高度选择性，多储存于机体脂肪组织或脂肪

多的部位，在碱性环境中易分解失效。常见的有机氯农药有 DDT，六六六（也称 BHC，工业品是多种异构体的混合物，其中，生物活性组分 γ-BHC 仅占 15% 左右，其余均为无效组分），林丹（lindane，99% γ-BHC），氯丹（chlordane），硫丹（endosulfan），毒杀芬（camphechlor），七氯（heptachlor），艾氏剂（aldrin），狄氏剂（dieldrin），异狄氏剂（endrin）等。由于这类农药具有较高的杀虫活性，杀虫谱广，对温血动物的毒性较低，持续性较长，加之生产方法简单，价格低廉，因此，这类杀虫剂在世界上相继投入大规模的生产和使用。

以上农药中，"六六六"、DDT 等曾经成为红极一时的杀虫剂品种；但从 20 世纪 70 年代开始，许多工业化国家相继限用或禁用某些 OCPs，其中主要是 DDT、"六六六" 及狄氏剂，我国早已停止生产和使用有机氯农药。尽管如此，由于其性质稳定，在自然界不易分解，属高残留品种，因此在世界许多地方的空气、水域和土壤中仍能够检测出微量 OCPs 的存在，并在相当长时间内会继续影响食品的安全性，危害人类健康。

（二）气相色谱检测-电子捕获检测仪测定蔬菜中 16 种有机氯和拟除虫菊酯农药

1. 原 理

试样中有机氯和拟除虫菊酯农药用有机溶剂提取，经液液分配及层析净化除去干扰物质，用电子捕获检测器检测，根据色谱峰的保留时间定性，外标法定量。

2. 试 剂

① 石油醚：沸程 60～90 ℃，重蒸；

② 苯、丙酮、乙酸乙酯：重蒸；

③ 无水硫酸钠；

④ 费罗里硅土：层析用，于 620 ℃ 灼烧 4 h 后备用，用前 140 ℃ 烘 2 h，趁热加 5% 水灭活。

3. 仪 器

气相色谱仪-电子捕获检测器、电动振荡器、组织捣碎机、旋转蒸发仪、层析柱等。

4. 制样步骤

① 试样制备。取待测蔬菜水果试样插净，去掉非可食部分后备用。

② 提取。称取 20 g 蔬菜试样，置于组织捣碎杯中，加入 3 mL 丙酮和 30 mL 石油醚，于捣碎机上捣碎 2 min，捣碎液经抽滤，滤液移入 250 mL 分液漏斗中，加入 100 mL 2%硫酸钠水溶液，充分摇匀，静置分层，将下层溶液转移到另一 250 mL 分液漏斗中，用石油醚萃取，于旋转蒸发仪上浓缩至 10 mL。

③ 净化。准确吸取试样提取液 2 mL，加入已淋洗过的净化柱中，用石油醚-乙酸乙酯（95 + 5）洗脱，收集洗脱液于蒸馏瓶中，置于旋转蒸发仪上蒸接近干，再用石油醚溶解残渣于刻度离心管中，最终定容至 1.0 mL，供气相色谱分析。

5. 气相色谱条件

（1）石英弹性毛细管柱：0.25 mm（内径）× 15 m，内涂有 OV-101 固定液。

（2）气体流速：氮气 40 mL/min，尾吹气 60 mL/min，分流比 1∶50。

（3）温度：柱温自 180 ℃ 升至 230 ℃，保持 30 min；检测器、进样口温度 250 ℃。

6. 测　定

吸取 1 μL 试样液注入气相色谱仪，记录色谱峰的保留时间和峰高；再吸取 1 μL 标准使用液注入气相色谱仪，记录色谱峰的保留时间和峰高。根据组分在色谱峰上的出峰时间与标准组分比较定性，用外标法与标准组分比较定量。

三、果蔬中氨基甲酸酯类农药的残留及检测

（一）氨基甲酸酯类农药的性质及常用品种

大多数氨基甲酸酯类的纯品为白色和无色晶体，无臭味，难溶于水，易溶于有机溶剂，一般对酸稳定，在碱性液中和提高温度时不稳定，易分解。

氨基甲酸酯类农药是目前蔬菜中农药残留的重点检测品种。其杀虫的毒理机制是抑制昆虫乙酰胆碱酯酶的活性，造成乙酰胆碱的积累，影响昆虫正常的神经传导而使昆虫死去。氨基甲酸酯类农药具有强杀虫力，对人畜及鱼类的毒性小，对植物无药害，在人体内可迅速代谢。氨基甲酸酯类农药在农业生产和日常生活中，主要用作杀虫剂、杀螨剂、除草剂和杀线虫剂等。自 1953 年合成西维因以来，现已经合成了上百种，常见的有甲萘威、仲丁威、呋喃丹、速灭威、灭虫威、灭多威、双甲脒、抗蚜威、涕灭威等。

（二）气相色谱法测定植物性果蔬中氨基甲酸酯类农药残留（GB/T5009.104—2003）

1. 原　理

含氮有机化物被色谱柱分离后在加热的碱金属片的表面产生热分解，形成氰自由基（CN·），并且从被加热的碱金属表面放出的原子状态的碱金属（Rb）接受电子变成 CN⁻，再与氢原子结合。放出电子的碱金属变成正离子，由收集极收集，并作为信号电流被测定。电流信号的大小与含氮化合物的含量成正比，以峰面积或峰高比较定量。

2. 试　剂

① 丙酮、无水甲醇、二氯甲烷、石油醚都重蒸后备用；

② 无水硫酸钠（450 ℃焙烧 4 h 后备用）；

③ 速灭威、异丙威、残杀威、克百威、抗蚜威、甲萘威都要求纯度≥99%；

④ 50 g/L 氯化钠溶液；

⑤ 甲醇-氯化钠溶液：取无水甲醇及 50 g/L 氯化钠溶液等体积混合得到；

⑥ 分别准确称取速灭威、异丙威、残杀威、克百威、抗蚜威及甲萘威各种标准品，用丙酮分别配制成 1 mg/mL 的标准储备液，使用时用丙酮稀释配制成单一品种的标准使用液（5 μg/mL）和混合标准工作液（每个品种浓度为 2～10 μg/mL）。

3. 仪　器

气相色谱仪（附有火焰离子检测器 FTD）；电动振荡器；组织捣碎机；粮食粉碎机（带 20 目筛）；恒温水浴锅；减压浓缩装置；分液漏斗（250 mL，500 mL）；量筒（50 mL，100 mL）；具塞三角瓶（250 mL）；抽滤瓶（250 mL）；布氏漏斗（φ10 cm）。

4. 制样步骤

（1）试样的制备。取粮食经粮食粉碎机粉碎，过 20 目筛制成粮食试样；取蔬菜去掉非食部分后剁碎或经组织捣碎机捣碎，制成蔬菜试样。

（2）提取。称取 20 g（精确至 0.001 g）蔬菜试样，置于 250 mL 具塞锥形瓶中，加入 80mL 无水甲醇，塞紧，于电动振荡器上振荡 30min。然后经铺有快速滤纸的布氏漏斗抽滤于 250 mL 抽滤瓶中，用 50 mL 无水甲醇分次洗涤提取瓶及滤器。将滤液转入 500 mL 分液漏斗中，用 100 mL50 g/L 氯化钠水溶液分次洗涤滤器，并入分液漏斗中。

（3）净化。于盛有试样提取液的 500 mL 分液漏斗中加入 50 mL 石油醚，振荡 1 min，静置分层后将下层放入第二个 500 mL 分液漏斗中，并加入 50 mL 石油醚，振摇 1 min，静置分层后将下层放入第三个 500 mL 分液漏斗中，然后用 25 mL 甲醇-氯化钠溶液并入第三分液漏斗中。

（4）浓缩。于盛有试样净化液的分液漏斗中，用二氯甲烷（50，255，2 mL）依次提取三次，每次振摇 1 min，静置分层后将二氯甲烷经铺有无水硫酸钠（玻璃棉支撑）的漏斗（用二氯甲烷预先洗过）过滤于 250 mL 蒸馏瓶中，用少量二氯甲烷洗涤漏斗，并入蒸馏瓶中。将蒸馏瓶街上减压浓缩装置，于 50 ℃ 水浴上减压浓缩至 1 mL 左右，取下蒸馏瓶，将残余物转入 10 mL 刻度离心管中，用二氯甲烷反复洗涤蒸馏瓶并入离心管中。然后吹氮气除尽二氯甲烷溶剂，用丙酮溶解残渣并定容至 2.0 mL，供气相色谱分析用。

5. 气相色谱条件

玻璃柱（2.1 m×3.2 mm）内装涂有 2% OV-101 + 6%OV-210 混合固定液的 Chromosorb W（HP）80～100 目担体；或玻璃柱（1.5 m×3.2 mm）内装涂有 1.5%OV-17 + 1.95%OV-210 混合固定液的 Chromosorb W（AW-DMCS）80~100 目担体；氮气 65 mL/min；空气 150 mL/min；氢气 3.2 mL/min；柱温 190 ℃；进样口或检测器温度 240 ℃。

6. 测　定

取浓缩后的试样液及标准样液各 1 μL，注入气相色谱仪中，做色谱分析。根据组分在两根色谱柱上的出峰时间与标准组分比较定性，用外标法与标准组分比较定量。

7. 结果计算

$$x_i = \frac{E_i \times \dfrac{A_i}{A_s} \times 2\,000}{m \times 1\,000}$$

式中　x_i ——试样中 i 组分的含量，mg/kg；

　　　E_i ——标准试样中组分 i 的含量，ng；

　　　A_i ——试样中组分 i 的峰面积或峰高，积分单位；

　　　A_s ——标准试样组分 i 的峰面积或峰高，积分单位；

　　　m ——试样质量，g；

2 000——进样液的定容体积，2.0 mL；

1 000——换算单位。

在重复性条件下获得的两次独立测定结果的绝对差值不得超过算术平均值的 15%。

六种氨基甲酸酯杀虫剂的气相色谱图如图 3.20 所示。

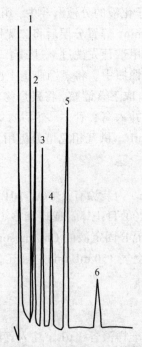

图 3.20　六种氨基甲酸酯杀虫剂的气相色谱图

1—速灭威；2—异丙威；3—残杀威；4—克百威；5—抗蚜威；6—甲萘威；

注：色谱条件：2%OV-101+6%OV-210/Chromosorb W(HP)80～100 目，2 m 柱↓ T_c190 ℃，T_d 或 T_e240℃，ATT×5，Range×0；氮气 65mL/min，空气 150 mL/min，氢气 3.2 mL/min。

四、果蔬中菊酯类农药的残留及检测

（一）菊酯类农药的特性及常用品种

菊酯类农药主要指化学合成的除虫菊酯类农药，是 20 世纪 70 年代研发成功的一类仿生杀虫剂。除虫菊酯类农药具有性质稳定、高效、广谱、低毒、易降解等特性，在光和土壤微生物的作用下易转变为极性化合物，不易造成污染，是近年来发展较快的一类合成杀虫剂。迄今已商品化的拟除虫菊酯有 50 多种，在全世界杀虫剂销售额中占 20%左右。

拟除虫菊酯分子较大，亲脂性强，可溶于多种有机溶剂，难溶于水，酸性条件下稳定，碱性条件下易分解。拟除虫菊酯对昆虫有强烈的触杀作用。有些兼具胃毒或熏蒸作用，作用机理是扰乱昆虫神经的正常生理，使之由兴奋、痉挛到麻痹而死亡。其缺点是大多品种对鱼、蜜蜂等昆虫天敌毒性高，长期使用也会使昆虫产生抗药性。

常见的拟除虫菊酯有烯丙菊酯（Allethrin）、胺菊酯（Tetramethrin）、醚菊酯（Ethofenprox）、苯醚菊酯（Phenothrin）、甲醚菊酯（Methothrin）、氯菊酯（Permethrin）、溴氰菊酯（Deltamethrin）、氯氰菊酯（Cypermethrin）、氰菊酯（Fenpropanate）、杀螟菊酯（Phencyclate）、氟氰戊菊酯（Flucythrinate）等。

拟除虫菊酯主要用于农业上，如防治棉花、蔬菜和果树的食叶、食果害虫，另外还用于家庭杀虫剂，如防治蚊蝇、蟑螂等。

（二）气相色谱法测定植物性果蔬中二氯苯醚菊酯残留量（GB/T5009.106—2003）

1. 原　理

电子捕获检测器对于电负性强化合物具有较高的灵敏度。在试样中，这些化合物经提取、净化后，用气相色谱电子捕获检测器检测，试样的峰高（面积）和标样的峰高（面积）相比，计算出试样相当的含量。

2. 试　剂

丙酮；石油醚；乙酸乙酯；氯化钠；无水硫酸钠；弗罗里硅土（60～80目），使用前在 130 ℃下活化 24 h，保存于干燥器中；二氯苯醚菊酯标准溶液：精密称取二氯苯醚菊酯标准品，用甲苯配成储备液，放于冰箱中保存；二氯苯醚菊酯标准使用液：将储备液稀释到一定浓度，于冰箱中保存备用。

3. 仪　器

气相色谱仪（附有电子捕获检测器 63NiECD）；组织捣碎机；索氏抽提器；旋转蒸发器；层析柱（17 cm × 1 cm）。

4. 制样步骤

（1）提取。水果、蔬菜：称取切碎的试样 50 g，置于组织捣碎机中，加入丙酮 80 mL，捣碎 2 min，用布氏漏斗抽滤，残渣用少量丙酮冲洗，收集全部滤液于 500 mL 分液漏斗中，加入 200 mL 20 g/L 氯化钠溶液，用石油醚（50 mL、

25 mL、25 mL）萃取 3 次，石油醚层过无水硫酸钠层干燥，用旋转蒸发器浓缩至 1~3 mL，待净化。

（2）净化。在层析柱底部垫少许脱脂棉（经 2%乙酸乙酯石油醚混合液浸提处理），再从下至上装入 2 cm 无水硫酸钠，加 4 g 弗罗里硅土，顶部再装 2 cm 无水硫酸钠，稍稍振动使之充实，用 10 mL2%或 5%乙酸乙酯石油醚溶液预淋层析柱，弃去预淋液，将浓缩的试样提取液倒入柱中，用上述溶剂 70 mL 淋洗，收集全部淋洗液，浓缩后定容，进行气相色谱分析。

5. 色谱条件

玻璃柱（0.5 m × 3 mm），内装 3% OV-101 + 3%Apizon/Gas Chrom Q；柱温 230 ℃；进样口温度 240 ℃；检测器温度 250 ℃；载气为氮气 70 mL/min。

6. 测　定

根据仪器灵敏度配制一系列不同浓度的标准溶液。将各浓度的标准液 2~5 μL 分别注入气相色谱仪中，可测得不同浓度二氯苯醚菊酯标准溶液的峰高。同时取试样溶液 2~5 μL，注入气相色谱仪中，测得的峰高与标准溶液的峰高相比，计算试样中农药相应的含量。

7. 结果计算

按下式计算：

$$c_x = \frac{h_x \times c_s \times Q_s \times V_x}{h_s \times m \times Q_x}$$

式中　c_x——试样中农药含量，mg/kg；

h_x——试样溶液峰高，mm；

c_s——标准溶液浓度，μg/mL；

Q_s——标准溶液进样量，μL；

V_x——试样的浓缩定容体积，mL；

h_s——标准溶液峰高，mm；

m——试样称样量，g；

Q_x——试样溶液的进样量，μL。

在重复性条件下获得的两次独立测定结果的绝对差值不得超过算术平均值的 15%。

二氯苯醚菊酯色谱图如图 3.21 所示。

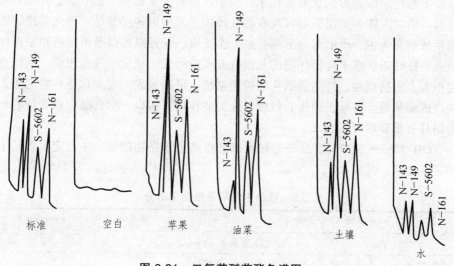

图 3.21　二氯苯醚菊酯色谱图

任务五　果蔬中重金属元素的测定

第一节　农产品中铅的测定

铅（Lead）是重金属污染中毒性较大的一种。由于人类的活动，铅向大气圈、水圈以及生物圈不断迁移，特别是随着近代工业的发展，大气层中的铅与原始时代相比，污染的体积增加了近 1 万倍，人类对铅的吸收也增加了数千倍，吸收值已接近或超出人体的容许浓度。铅的过度摄入已经成为危害人体健康不容忽视的社会问题。铅进入人体有三条途径：呼吸道、消化道和皮肤。人每日会从食物、水中摄入 300 μg 的铅，按肠道吸收 10% 计算，进入人体内的量为 30 μg；大气中每日经肺部吸入约 10 ~ 25 μg，两者合起来，每日摄入 40 ~ 50 μg。缺铁、缺钙或高脂饮食可增加胃肠道对铅的吸收。进入血液的铅大部分与红细胞结合，其余停留在血浆中。血液循环系统中的铅早期主要分布于肝、肾、脑、皮肤中，进入体内的铅 90% ~ 95% 最后在骨骼里"安营扎寨"。

　　血铅可通过胎盘进入胎儿体内，乳汁内的铅也可影响婴儿。铅在人体中主要以不溶性磷酸铅形式沉着蓄积于骨骼中，也有少量蓄积于脑、肝、肾及其他脏器。铅对人体各个组织器官均有毒性作用，其中以神经系统、消化系统、造血系统病变为主。严重时则出现贫血、腹绞痛、肝肾损害以及铅麻痹和中毒性脑病。长时期暴露于含铅环境的儿童有着反应缓慢，视觉迟钝的现象。铅能直接伤害人的脑细胞，特别是胎儿的神经系统，可造成先天智力低下；对老年人会造成痴呆等。另外，铅还有致癌、致突变作用。所以，对食品中铅含量进行控制具有重要的现实意义。

　　GB 2762—2012《食品安全国家标准食品中污染物限量》中规定了食品中铅限量指标，见表3.8。

表 3.8　食品中铅限量指标（部分）

食品类别（名称）	限量（以铅计）(mg/kg)
蔬菜及其制品	
新鲜蔬菜（芸薹类蔬菜、叶菜蔬菜、豆类蔬菜、薯类除外）	0.1
芸薹类蔬菜、叶菜蔬菜	0.3
豆类蔬菜、薯类	0.2
蔬菜制品	1.0
水果及其制品	
新鲜水果（浆果和其他小粒水果除外）	0.1
浆果和其他小粒水果	0.2
水果制品	1.0
食用菌及其制品	1.0
豆类及其制品	
豆类	0.2
豆类制品（豆浆除外）	0.5
豆浆	0.05
肉及肉制品	
肉类（畜禽内脏除外）	0.2
畜禽内脏	0.5
肉制品	0.5
⋮	

食品中铅含量的测定方法有石墨炉原子吸收光谱法、氢化物原子荧光光谱法、火焰原子吸收光谱法、二硫腙比色法，下面依据 GB 5009.12—2010《食品中铅的测定》详细介绍石墨炉原子吸收光谱法、二硫腙比色法。

一、石墨炉原子吸收光谱法

（一）原　　理

试样经灰化或酸消解后，注入原子吸收分光光度计石墨炉中，电热原子化后吸收 283.3 nm 共振线，在一定浓度范围，其吸收值与铅含量成正比，再与标准系列比较定量。

（二）仪　　器

原子吸收分光光度计（附石墨炉原子化器和铅空心阴极灯）；马弗炉；天平（0.001 g）；干燥恒温箱；瓷坩埚；压力消解器、压力消解罐或压力溶弹；可调式电热板或可调式电炉。

（三）试　　剂

优级纯硝酸；过硫酸铵；过氧化氢（30%）；优级纯高氯酸；硝酸（1＋1）；硝酸（0.5 mol/L）；硝酸（1 mol/L）；磷酸二氢铵溶液（20 g/L）；硝酸＋高氯酸（9＋1）；铅标准储备液：准确称取 1.000 g 金属铅（纯度 99.99%），分次加少量硝酸（1＋1），加热溶解，总量不超过 37 mL，移入 1 000 mL 容量瓶，加水至刻度，混匀，此溶液每毫升含 1.0 mg 铅；铅标准使用液：每次吸取铅标准储备液 1.0 mL 于 100 mL 容量瓶中，加硝酸（0.5 mol/L）至刻度，如此经多次稀释成每毫升含 10.0 ng、20.0 ng、40.0 ng、60.0 ng、80.0 ng 铅的标准使用液。

（四）实验方法

1. 试样消解

称取 1~2 g 试样（精确到 0.001 g，干样、含脂肪高的试样<1 g，鲜样<2 g 或按压力消解罐使用说明书称取试样）于聚四氟乙烯内罐，加硝酸 2~4 mL 浸泡过夜。再加过氧化氢（30%）2~3 mL（总量不能超过罐容积的 1/3）。盖好内盖，旋紧不锈钢外套，放入恒温干燥箱，120~140 ℃ 条件下保持 3~4 h，在箱内自然冷却至室温，将消化液转移到 10~25 mL 容量瓶中，每次用少量水

洗涤罐，多次洗涤后，洗液合并于容量瓶中并定容至刻度，混匀备用。同时做试剂空白试验。

2. 测　定

（1）仪器条件。波长 283.3 nm，狭缝 0.2 ~ 1.0 nm，灯电流 5 ~ 7 mA，干燥温度 120 ℃，20 s，灰化温度 450 ℃，持续 15 ~ 20 s，原子化温度 1 700 ~ 2 300 ℃，持续 4 ~ 5 s，背景校正是氘灯或塞曼效应。

（2）标准曲线绘制。吸取上面配制的铅标准使用液 10.0 μg/L、20.0 μg/L、40.0 μg/L、60.0 μg/L、80.0 μg/L 各 10 μL，注入石墨炉，测得其吸光值，并求得吸光值与浓度关系的一元线性回归方程。

（3）试样测定。分别吸取样液和试剂空白液各 10 μL，注入石墨炉，测得其吸光值，带入标准系列的一元线性回归方程中求得样液中铅含量。

（4）基体改进剂的使用。对有干扰试样，则注入适量的基体改进剂磷酸二氢铵溶液（一般为 5 μL 或与试样同量）消除干扰。绘制铅标准曲线时也要加入与试样测定时等量的基体改进剂磷酸二氢铵溶液。

3. 计　算

试样中铅的含量按下式计算：

$$X = \frac{(c_1 - c_0) \times V \times 1\,000}{m \times 1\,000 \times 1\,000}$$

式中　X——试样中铅含量，mg/kg 或 mg/L；

c_1——测定样液中铅含量，ng/mL；

c_0——空白液中铅含量，ng/mL；

V——试样消化液定量总体积，mL；

m——试样质量或体积，g 或 mL。

本法检出限为 5 μg/kg。计算结果保留两位有效数字。

二、二硫腙比色法

（一）原　理

在一定的 pH 下，二硫腙与某些金属离子形成络合物溶于氯仿、四氯化碳等有机溶剂中，呈现出不同的颜色。试样经消化后，调节 pH 为 8.5 ~ 9.0，加入柠檬酸铵、氰化钾和盐酸羟胺等，防止铁、铜、锌等离子干扰，铅离子与二硫腙生成红色二硫腙铅络合物，用三氯甲烷萃取，510 nm 处与标准系列比较定量。

干扰测定的离子主要有 Fe^{3+}、Sn^{4+}、Cu^{2+}、Cd^{2+}、Zn^{2+} 等，为了除去这些离子的干扰，可加入 KCN，使 $Fe^{3+} + 3CN^- \longrightarrow Fe(CN)_3$ 形成高铁氧化物，反应需在碱性条件下进行，调节反应体系 pH 为 8~9，既能满足铅离子与二硫腙生成络合物，又能满足掩蔽 Fe^{3+} 干扰的作用。

生成的 $Fe(CN)_3$ 具有氧化作用，即可氧化双硫腙。为防止氧化作用，可加入盐酸羟胺使 Fe^{3+} 还原为 Fe^{2+}。加入柠檬酸铵的目的是阻止碱性条件下，金属离子与碱反应生成氢氧化物 $M(OH)_2$。

（二）仪　器

所用玻璃仪器均用 10%~20% 硝酸浸泡 24 h 以上，用自来水反复冲洗，最后用蒸馏水冲洗干净；分光光度计；天平（0.001 g）。

（三）试　剂

氨水（1+1）；盐酸（1+1）；酚红指示液（1 g/L）；盐酸羟胺溶液（200 g/L）；柠檬酸铵溶液（200 g/L）；氰化钾溶液（100 g/L）；三氯甲烷（不应含氧化物）；淀粉指示液：称取 0.5 g 可溶性淀粉，加 5 mL 水搅匀后，慢慢倒入 100 mL 沸水中，边倒边搅拌，煮沸，放冷备用，临用时配制；硝酸（1+99）；二硫腙-三氯甲烷溶液（0.5 g/L）保存冰箱中；二硫腙使用液：吸取 10.0 mL 二硫腙溶液，加三氯甲烷至 10 mL，混匀；用 1 cm 比色杯，以三氯甲烷为参比，于波长 510 nm 处测吸光度（A），用下式算出配制 100 mL 二硫腙使用液（70% 透光率）所需二硫腙溶液的毫升数（V）：

$$V = \frac{10 \times (2 - \lg 70)}{A} = \frac{1.55}{A}$$

硝酸-硫酸混合液（4+1）；铅标准溶液（1.0 mg/mL）：准确称取 0.159 8 g 硝酸铅，加 10 mL 硝酸（1+99），全部溶解后，移入 100 mL 容量瓶中，加水稀释至刻度；铅标准使用液（10.0 μg/mL）吸取 1.0 mL 铅标准溶液，置于 100 mL 容量瓶中，加水稀释至刻度。

（四）实验方法

1. 试样预处理

同石墨炉原子吸收光谱法的操作。

2. 试样消化

粮食、粉丝、粉条、豆干制品、糕点、茶叶等及其他含水分少的固体食品：称取 5 g 或 10 g 的粉碎样品（精确至 0.01 g），置于 250～500 mL 定氮瓶中，先加水少许使样品湿润，加数粒玻璃珠，10～15 mL 硝酸，放置片刻，小火缓缓加热，待作用缓和，放冷。沿瓶壁加入 5 mL 或 10 mL 硫酸，再加热，至瓶中液体开始变成棕色时，不断沿瓶壁滴加硝酸至有机质分解完全。加大火力，至产生白烟，待瓶口白烟冒净后，瓶内液体再产生白烟为消化完全，该溶液应澄清无色或微带黄色，放冷（在操作过程中应注意防止暴沸）。加 20 mL 水煮沸，除去残余的硝酸至产生白烟为止，如此处理两次，放冷。将冷后的溶液移入 50 mL 或 100 mL 容量瓶中，用水洗涤定氮瓶，洗液并入容量瓶中，放冷，加水至刻度，混匀。定容后的溶液每 10 mL 相当于 1 g 样品，相当加入硫酸量 1 mL。取与消化试样相同量的硝酸和硫酸，按同一方法做试剂空白试验。

3. 测　定

（1）吸取 10.0 mL 消化后的定容溶液和同量的试剂空白液，分别置于 125 mL 分液漏斗中，各加水至 20 mL。

（2）吸取 0.0、0.10、0.20、0.30、0.40、0.50 mL 铅标准使用液，分别置于 125 mL 分液漏斗中，各加硝酸（1 + 99）至 20 mL。于试样消化液、试剂空白液和铅标准液中各加 2.0 mL 柠檬酸铵溶液（200 g/L），1.0 mL 盐酸羟胺溶液（200 g/L）和 2 滴酚红指示液，用氨水（1 + 1）调至红色，再各加 2.0 mL 氰化钾溶液（100 g/L），混匀。各加 5.0 mL 二硫腙使用液，剧烈振摇 1 min，静置分层后，三氯甲烷层经脱脂棉滤入 1 cm 比色杯中，以三氯甲烷为参比于波长 510 nm 处测吸光度，绘制标准曲线或计算一元回归方程，试样与曲线比较。

4. 计　算

试样中铅含量按下式计算：

$$X = \frac{(m_1 - m_2) \times 1\,000}{m_3 \times \frac{V_2}{V_1} \times 1\,000}$$

式中　X——试样中铅的含量，mg/kg 或 mg/L；

　　　m_1——测定用试样中铅的质量，mg；

　　　m_2——试剂空白液中铅的质量，mg；

　　　m_3——试样质量或体积，mg 或 L；

　　　V_1——试样处理液的总体积，mL；

　　　V_2——测定用试样处理液的总体积，mL。

（五）讨论和说明

本方法适用于各类食品中铅的测定，最低检出浓度为 0.25 mg/kg。

第二节　农产品中汞的测定

汞（mercury）是重金属污染中毒性最大的元素。未经处理的工业废水、废气、废渣的排放，对食品造成汞、镉、铅、砷等重金属元素及其化合物污染。食用被污染的食品，食用者会应中毒而生病，如著名的公害病"水俣病"（水俣病是一种尿病，首先发生在日本水俣县），这是由于工厂中含汞污水排入河海，污水中的汞在鱼体中积存（以甲基汞的形式），人吃了这种鱼导至中毒，严重者致死。汞进入人体的另一途径是有机汞农药，这类农药含苯基汞和烷氧基汞，在体内易分解成无机汞化合物。目前我国已禁止生产、进口和使用有机汞农药，除拌种常用的醋酸苯汞、氯化乙基汞外，各国都已禁止使用有机汞农药；但民间剩余的农药，仍有间断使用。汞进入人体后直接沉入肝脏，在人体内积累，慢慢侵入神经中枢系统，破坏脑血管，表现为四肢麻木、语言失常、视野缩小、听觉失灵等。所以，对食品中汞含量的测定有现实意义。

GB 2762—2012《食品安全国家标准食品中污染物限量》中规定了食品中汞限量指标，见表 3.9。

食品中汞测定的方法主要有原子荧光光谱法、二硫腙比色法等，下面依据GB/T 5009.17—2003《食品中总汞及有机汞的测定》详细介绍二硫腙比色法。

（一）原　理

试样经消化后，汞离子在酸性溶液中与二硫腙生成橙红色络合物，溶于三氯甲烷，490 nm 处与标准系列比较定量。

（二）仪　器

消化装置；可见分光光度计。

表 3.9　食品中汞限量指标

食品类别（名称）	限量（以汞计）（mg/kg）	
	总汞	甲基汞[①]
水产动物及其制品（肉食性鱼类及其制品除外）	—	0.5
肉食性鱼类及其制品	—	1.0
谷物及其制品		
稻谷[②]、糙米、大米、玉米、玉米面（渣、片）、小麦、小麦粉	0.02	—
蔬菜及其制品	0.01	—
新鲜蔬菜	0.1	—
食用菌及其制品		
肉及肉制品	0.05	—
肉类	0.01	—
乳及乳制品		
生乳、巴氏杀菌乳、灭菌乳、调制乳、发酵乳	0.05	—
蛋及蛋制品	0.1	—
鲜蛋		
调味品	0.001 mg/L	—
食用盐		
饮料类	0.02	—
矿泉水		
特殊膳食用食品		
婴幼儿罐装辅助食品		

注：① 水产动物及其制品可先测定总汞，当总汞水平不超过甲基汞限量值时，不必测定甲基汞；否则，需再测定甲基汞。
　　② 稻谷以糙米计。

（三）试 剂

硝酸、硫酸、氨水；三氯甲烷（不应含有氧化物）；硫酸（1+35）；硫酸（1+19）；盐酸羟胺溶液（200 g/L）；溴麝香草酚蓝-乙醇指示液（1 g/L）；二硫腙-三氯甲烷溶液（0.5 g/L），保存冰箱中，必要时用 GB/T 5009.12—2010 中的方法纯化；二硫腙使用液，同 GB/T 5009.12—2010；汞标准溶液：准确称取0.135 4 g 经干燥过的氯化汞，加硫酸（1+35）使其溶解后，移入 100 mL 容量瓶中，并稀释至刻度，此溶液每毫升相当于 1.0 mg 汞；汞标准使用液：吸取1.0 mL 汞标准溶液，置于 100 mL 容量瓶中，加硫酸（1+35）稀释至刻度，此溶液每毫升相当于 10.0 μg 汞。再吸取此液 5.0 mL 于 50 mL 容量瓶中，加硫酸（1+35）稀释至刻度，此溶液每毫升相当于 1.0 μg 汞。

（四）实验方法

1. 试样消化

称取 20.00 g 粮食或水分少的试样，置于消化装置锥形瓶中，加玻璃珠数粒及 80 mL 硝酸、15 mL 硫酸，转动锥形瓶，防止局部碳化。装上冷凝管后，小火加热，待开始发泡即停止加热，发泡停止后加热回流 2 h。如加热过程中，溶液变棕色，则再加 5 mL 硝酸，继续回流 2 h，放冷，用适量水洗涤冷凝管，洗液并入消化液中，取下锥形瓶，加水至总体积为 150 mL。按同一方法做试剂空白试验。

2. 测 定

（1）取消化液，加 20 mL 水，煮沸 10 min，除去二氧化氮等，放冷。

（2）于试样消化液及试剂空白液中各加高锰酸钾溶液（50 g/L）至溶液呈紫色，然后再加盐酸羟胺溶液（200 g/L）使紫色褪去，加两滴麝香草酚蓝指示液，用氨水调节 pH，使橙红色变为橙黄色（pH1~2），定量转移至 125 mL 分液漏斗中。

（3）吸取 0.0、0.5、1.0、2.0、3.0、4.0、5.0、6.0 μL 汞标准使用液，分别置于 125 mL 分液漏斗中，加 10 mL 硫酸（1+19），再加水至 40 mL，混匀。再各加 1mL 盐酸羟胺溶液（200 g/L），放置 20 min，并不时振摇。

（4）向试样消化液、试剂空白液及标准液振摇放冷后的分液漏斗中加5.0 mL 二硫腙使用液，剧烈振摇 2 min，静置分层后，经脱脂棉将三氯甲烷滤入 1 cm 比色杯中，以三氯甲烷为参比，波长 490 nm 处测吸光度，绘制标准曲线。

3. 计　算

试样中汞的含量按下式计算：

$$X = \frac{(A_1 - A_2) \times 1\,000}{m \times 1\,000}$$

式中　X——试样中汞的含量，mg/kg；

　　　A_1——试样消化液中汞的质量，μg；

　　　A_2——试剂空白液中汞的质量，μg；

　　　m——试样质量，g。

结果表述：取算术均值，保留两位有效数字。

第三节　农产品中镉的测定

镉（cadmium）对人类和动植物有强烈的毒害作用，是目前危害最严重的农田重金属污染。镉对动植物的生长有明显的抑制作用，并且通过在动植物体中不断累积，间接进入人体，所以人体中镉全部是出生后通过外界环境（如饮水、食物、香烟）进入的。镉中毒症状主要表现为动脉硬化、肾萎缩、肾炎等。镉可取代骨骼中部分钙，引起骨骼疏松软化而痉挛，严重者引起自然骨折，另外，镉还被发现有致癌和致畸作用。镉还能导致高血压，引起心脑血管疾病；破坏骨骼和肝肾，并能引起肾功能衰竭。所以我们应对动植物中镉元素含量进行严格控制，将镉元素对人体健康的影响降低到最低。

GB 2762—2012《食品安全国家标准　食品中污染物限量》中规定了食品中镉限量指标，表 3.10。

食品中镉含量的测定方法主要有石墨炉原子吸收光谱法和比色法，下面依据 GB/T 5009.15—2003《食品中镉的测定》重点介绍比色法。

一、比色法

（一）原　理

试样经消化后，在碱性溶液中镉离子与 6-溴苯并噻唑偶氮萘酚形成红色络合物，溶于三氯甲烷，与标准系列比较定量。

（二）实验方法

1. 样品处理

试样处理采用湿法消化法。称取 5.00～10.00 g 试样，置于 150 mL 锥形瓶中，加入 15～20 mL 混合酸（如在室温放置过夜，则次日易于消化），小火加热，待泡沫消失后，可慢慢加大火力，必要时再加少量硝酸，直至溶液澄清无色或微带黄色，冷却至室温。

取与消化试样相同量的混合酸、硝酸，按同一操作方法做试剂空白试验。

2. 测　定

（1）将消化好的试样及试剂空白液用 20 mL 水分数次洗入 125 mL 分液漏斗中，以氢氧化钠溶液（200 g/L）调节至 pH7 左右。

（2）吸取 0.0、0.5、1.0、3.0、5.0、7.0、10.0 mL 镉标准使用液，分别置于 125 mL 分液漏斗中，再各加水至 20 mL。用氢氧化钠溶液（200 g/L）调节至 pH7 左右。

（3）向试样消化液、试剂空白液及镉标准液中依次加入 3 mL 柠檬酸钠溶液（250 g/L）、4 mL 酒石酸钾溶液（400 g/L）及 1 mL 氢氧化钠溶液（200 g/L），混匀。再各加 5.0 mL 三氯甲烷及 0.2 mL 镉试剂，立即振摇 2 min，静置分层后，将三氯甲烷层经脱脂棉滤入试管中，以三氯甲烷调节零点，于 1 cm 比色杯在波长 585 nm 处测吸光度。各标准点减去空白管吸收值后绘制标准曲线，或计算直线回归方程，将样液镉含量与曲线比较或代入方程求出。

表 3.10　食品中镉限量指标（部分）

食品类别（名称）	限量（以 Cd 计）（mg/kg）
谷物及其制品	
谷物（稻谷[①]除外）	0.1
谷物碾磨加工品（糙米、大米除外）	0.1
稻谷[①]、糙米、大米	0.2
蔬菜及其制品	
新鲜蔬菜（叶菜蔬菜、豆类蔬菜、块根和块茎蔬菜、茎类蔬菜除外）	0.05
叶菜蔬菜	0.2

续表 3.10

食品类别（名称）	限量（以 Cd 计）（mg/kg）
豆类蔬菜、块根和块茎蔬菜、茎类蔬菜（芹菜除外）	0.1
芹菜	0.2
水果及其制品	
新鲜水果	0.05
豆类及其制品	
豆类	0.2
⋮	

注：① 稻谷以糙米计。

本法检出下限为 50 μg/kg，结果表述与计算同石墨炉原子吸收光谱法。

第四节　农产品中总砷及无机砷的测定

砷（arsenic）在自然界中无处不在，如含砷的矿石、含铅汽油、杀虫剂、除草剂、烟草、贝类海产等。其存在形式为：原子态砷、三价砷、五价砷，一般来讲，无机砷比有机砷毒性强，三价砷比五价砷毒性强。目前，我们对原子态砷的毒性了解较少，也有学者认为原子态砷是某些动物必需的微量元素之一，砷化氢的毒性和其他的砷不同，可以被认为是砷化合物中毒性最强的。对一般人而言，砷的摄取多来自食物和饮水。鱼、海产、藻类中含有砷胆碱，这些化合物对人体毒性低而且容易排出体外。饮用水的污染曾在美国、德国、阿根廷、智利、英国都有发生过。砷进入人体内被吸收后，破坏了细胞的氧化还原能力，影响细胞正常代谢，引起组织损害和机体障碍，可直接引起中毒死亡；砷对黏膜具有刺激作用，可直接损害毛细血管等。对食品中砷含量进行严格控制是预防砷中毒的重要措施。

GB 2762—2012《食品安全国家标准食品中污染物限量》中规定了食品中砷限量指标，见表 3.11。

食品中总砷的测定主要是用银盐法。下面依据 GB/T 5009.11—2003《食品中总砷及无机砷的测定》主要介绍银盐法。

表 3.11　食品中砷限量指标（部分）

食品类别（名称）	限量（以 As 计）（mg/kg）	
	总砷	无机砷
水产动物及其制品（鱼类及其制品除外）	—	0.5
鱼类及其制品	—	0.1
蔬菜及其制品		
新鲜蔬菜	0.5	—
食用菌及其制品		
肉及肉制品	0.5	—
乳及乳制品	0.5	—
生乳、巴氏杀菌乳、灭菌乳、调制乳、发酵乳		
乳粉	0.1	
特殊膳食用食品	0.5	
婴幼儿谷类辅助食品（添加藻类的产品除外）	—	0.2
添加藻类的产品		0.3
婴幼儿罐装辅助食品（以水产及动物肝脏为原料的产品除外）	—	0.1
以水产及动物肝脏为原料的产品	—	0.3
⋮		

一、总砷的测定——银盐法

（一）原　理

试样经消化后，以碘化钾、氯化亚锡将高价砷还原为三价砷，然后与锌粒和酸产生的新生态氢生成砷化氢，经银盐（DDTC-Ag）溶液吸收后，形成棕红色胶态物，于 520 nm 处比色，与标准系列比较定量。

（二）仪　器

分光光度计；测砷装置，如图 3.22 所示。

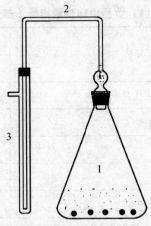

图 3.22　银盐法测砷装置

1—150 mL 锥形瓶：19 号标准口；2—导气管：管口 19 号标准口或经碱处理后洗净的
橡皮塞与锥形瓶密合时不应漏气，管的另一端管径为 1.0 mm；
3—吸收管：10 mL 刻度离心管作吸收管用

（三）实验方法

1. 试样处理

粮食、粉丝、粉条、豆干制品、糕点、茶叶等及其他含水分少的固体食品：称取 5.00 g 或 10.00 g 的粉碎试样，置于 250 ~ 500 mL 定氮瓶中，先加水少许使试样湿润，加数粒玻璃珠，10 ~ 15 mL 硝酸-高氯酸混合液，放置片刻，小火缓缓加热，待作用缓和，放冷。沿瓶壁加入 5 mL 或 10 mL 硫酸，再加热，至瓶中液体开始变成棕色时，不断沿瓶壁滴加硝酸-高氯酸混合液至有机质分解完全。加大火力至产生白烟，待瓶口白烟冒净后，瓶内液体再产生白烟为消化完全，此时该溶液应澄明无色或微带黄色，放冷。（在操作过程中应注意防止暴沸或爆炸。）加 20 mL 水煮沸，除去残余的硝酸至产生白烟为止，如此处理两次，放冷。将冷后的溶液移入 50 mL 或 100 mL 容量瓶中，用水洗涤定氮瓶，洗液并入容量瓶中，放冷，加水至刻度，混匀。定容后的溶液每 10 mL 相当于 1 g 试样，相当加入硫酸量 1 mL。取与消化试样相同量的硝酸-高氯酸混合液和硫酸，按同一方法做试剂空白试验。

2. 测定方法

（1）吸取一定量的消化后的定容溶液（相当于 5 g 试样）及同样量的试剂空白液，分别置于 150 mL 锥形瓶中，补加硫酸至总量为 5 mL，加水至 50~55 mL。

（2）标准曲线的绘制：吸取砷标准使用液配制成相当于含 0.0 μg、2.0 μg、4.0 μg、6.0 μg、8.0 μg、10.0 μg 砷的标准溶液于 150 mL 锥形瓶中，加水至 40 mL，再加 10 mL 硫酸（1＋1）。

（3）向试样消化液、试剂空白液及砷标准溶液中各加 3 mL 碘化钾溶液（150 g/L）、0.5 mL 酸性氯化亚锡溶液，混匀，静置 15 min。再各加入 3 g 锌粒，立即分别塞上装有乙酸铅棉花的导气管，并使管尖端插入盛有 4 mL 银盐溶液的离心管中的液面下，在常温下反应 45 min 后，取下离心管，加三氯甲烷补足 4 mL。用 1 cm 比色杯，以零管调为参比，于波长 520 nm 处测吸光度，绘制标准曲线。

（四）计 算

试样中总砷的含量按下式计算：

$$X = \frac{(A_1 - A_2) \times 1\,000}{m \times \dfrac{V_2}{V_1} \times 1\,000}$$

式中 X——试样中砷的含量，mg/kg 或 mg/L；

A_1——测定用试样消化液中砷的质量，μg；

A_2——试剂空白液中砷的质量，μg；

m——试样质量或体积，g 或 mL；

V_1——试样消化液的总体积，mL；

V_2——测定用试样消化液的体积，mL。

（五）讨论和说明

（1）砷的反应吸收尽量控制在 25 ℃ 左右进行。天热时测定，吸收管应放在冰水中，避免吸收液挥发。

（2）使用无砷锌粒时，最好加入两颗较大的锌粒，其余仍用细锌粒，防止反应太剧烈。

（3）氯化亚锡除了起还原作用，可将五价砷还原为三价砷，并还原反应中生成的碘外，还可在锌粒表面沉积锡层，抑制氢气的生成速度以及抑制某些元素的干扰，如锑的干扰等。

二、无机砷的测定——银盐法

（一）原　理

试样在 6 mol/L 盐酸溶液中，经 70 °C 水浴加热后，无机砷以氯化物的形式被提取，经碘化钾、氯化亚锡还原为三价砷，然后与锌粒和酸产生的新生态氢生成砷化氢，经银盐溶液吸收后，形成红色胶态物，与标准系列比较定量。

（二）仪　器

分光光度计；恒温水浴箱；测砷装置。

（三）试　剂

三氯甲烷；辛醇；盐酸溶液（1 + 1）；碘化钾溶液（150 g/L），临用时现配；酸性氯化亚锡溶液：称取 40 g 氯化亚锡（$SnCl_2 \cdot 2H_2O$），加盐酸溶解并稀释至 100 mL，加入数颗金属锡粒；乙酸铅溶液（100 g/L）；乙酸铅棉花；银盐溶液：称取 0.25 g 二乙基二硫代氨基甲酸银[$(C_2H_5)_2NCS_2Ag$]，用少量三氯甲烷溶解，加入 1.8 mL 三乙醇胺，再用三氯甲烷稀释至 100 mL，放置过夜，滤入棕色瓶中储存；砷标准储备液（1.00 mg/mL）；砷标准使用液（1.00 μg/mL）：精确吸取砷标准储备液，用水逐级稀释至 1.00 μg/mL。

（四）实验方法

1. 试样处理

称取 1.00 ~ 10.00 g 经研磨或粉碎的试样，置于 100 mL 具塞锥形瓶中，加入 20 ~ 40 mL 盐酸溶液（1 + 1），以浸没试样为宜，至 70 °C 水浴保温 1 h，取出冷却后，用脱脂棉或单层纱布过滤，用 20 ~ 30 mL 水洗涤锥形瓶及滤渣，合并滤液于测砷锥形瓶中，使总体积约为 50 mL 左右。

2. 标准系列制备

吸取砷标准使用液 0、1.0、3.0、5.0、7.0、9.0 mL 分别置于测砷瓶中，加水至 40 mL，加入 8 mL 盐酸溶液（1 + 1）。

3. 测　定

试样液及砷标准溶液中各加 3 mL 碘化钾溶液（150 g/L），酸性氯化亚锡溶液 0.5 mL，混匀，静置 15 min。向试样溶液中加入 5~10 滴辛醇后，于试样液及砷标准溶液中各加入 3 g 锌粒，立即分别塞上装有乙酸铅棉花的导气管，并使管尖端插入盛有 5 mL 银盐溶液的刻度试管中的液面下，在常温下反应 45 min 后，取下试管，加三氯甲烷补足至 5 mL。用 1 cm 比色杯，以零管为参比，于波长 520 nm 处测吸光度，绘制标准曲线。

（五）计　算

试样中的无机砷含量按下式计算：

$$X = \frac{m_1 - m_2}{m_3 \times 1\,000} \times 1\,000$$

式中　X——试样中无机砷含量，mg/kg 或 mg/L；

m_1——测定用试样溶液中砷的质量，μg；

m_2——试剂空白中砷的质量，μg；

m_3——试样质量或体积，g 或 mL。

（六）讨论和说明

本法检出限为 0.1 mg/kg，线性范围为 1.0~10.0 μg；计算结果保留两位有效数字。

参考文献

[1]　赵晨霞. 果蔬贮藏加工实验实训教程. 北京：科学出版社，2010.

[2]　赵晨霞. 园艺产品贮藏与加工. 北京：中国农业出版社，2005.

[3]　叶兴乾. 果品蔬菜加工工艺学. 北京：中国农业出版社，2002.

[4]　祝战斌. 果蔬贮藏与加工技术. 北京：科学出版社，2010.

[5]　侯启昌. 果蔬无公害生产及采后处理技术. 北京：中国农业科学技术出版
　　　社，2002.

[6]　罗云波，等. 园艺产品贮藏加工学——贮藏篇. 北京：中国农业大学出版社，
　　　2001.

[7]　刘兴华，寇利萍. 果菜瓜贮藏保鲜. 北京：中国农业出版社，2000.

[8]　陆兆新. 果蔬贮藏加工及质量管理技术. 北京：中国轻工业出版社，2004.

[9]　安玉发. 食品营销学. 北京：中国农业出版社，2002.

[10]　刘晓杰. 食品加工机械与设备. 北京：中国高等教育出版社，2004.

[11]　李晨光. 园艺通论.北京：中国农业出版社，2000.

[12]　张德权. 蔬菜深加工技术.北京：化学工业出版社，2003.

[13]　艾启俊，张德权. 蔬菜深加工技术.北京：化学工业出版社，2003.

[14]　祝战斌. 果蔬加工技术. 北京：化学工业出版社，2008.

[15]　王鸿飞，邵兴锋. 果品蔬菜贮藏与加工实验指导. 北京：科学出版社，
　　　2012.

[16]　邹志荣. 园艺设施学. 北京：中国农业出版社，2002.

[17]　陈青云. 农业设施学. 北京：中国农业大学出版社，2001.

[18]　刘步洲，等. 中国设施园艺——发展中的农业工程. 北京：知识出版社，
　　　1991.

[19]　蔡象元，等. 现代蔬菜温室设施和管理. 上海：上海科学技术出版社，
　　　2000.

[20]　韩世栋，周桂芳. 温室大棚蔬菜新法栽培技术指南. 北京：中国农业出版
　　　社，2000.